KASS-23-01

(사)한국공간구조학회

Ethylene Tetra Fluoro Ethylene

ETFE 필름 막구조 설계지침 및 해설

Design Guideline and Commentary for ETFE Film Membrane Structures

KOREAN ASSOCIATION FOR SPATIAL STRUCTURES
사단법인 한국공간구조학회

도서출판 구미서관

발간사

PREFACE

건축재료의 친환경성 및 재사용은 작금의 건축의 가장 중요한 화두입니다. 도시의 랜드마크인 대공간 건축물의 탄소저감 및 제로에너지 건축물로서의 상징성은 그 어느 때보다 중요한 시기가 도래하였습니다. PTEF 및 PVC 코팅 막재 등은 대공간 건축물의 막재료로 다양하게 사용되어 왔으며 국내도 많은 시공 사례가 있습니다. 그러나 재사용 및 친환경 성능이 탁월한 ETFE 필름은 기존의 막 재료와 역학적 특성이 다르며, 특히 대공간 건축물의 지붕재료로 사용하기 위한 설계 지침이 없었던 것이 사실입니다.

한국공간구조학회는 국토교통부의 연구과제 수행을 통하여 ETFE 필름의 물성 및 역학적 특성를 명확히 해 왔으며, 연구위원회 및 워크샵 등 다양한 연구활동을 통하여 장기간 연구를 수행하여 왔으며, 그 결과를 이제 설계 지침서 형식으로 출판하고자 합니다.

본 지침서는 ETFE 필름의 막재로서의 역학적 성능을 규정하고, 건축재료로서의 설계방법 및 설계 예시를 포함하고 있습니다. 따라서 건축물 구조설계 엔지니어와 시공 엔지니어를 비롯하여 관련 전문가들에게 매우 유용한 기술 지침서가 되리라 확신합니다.

한국공간구조학회는 대공간 건축물의 설계, 시공 및 유지관리의 전문학회로서국가의 건설기술 발전을 위해 최선의 노력을 다 하겠습니다.

마지막으로 본 지침서를 발간함에 있어 코로나 등의 어려운 상황 속에서 심혈 을 기울여 주신 자문위원, 검토위원 그리고 집필위원 여러분들의 노고에 깊이 감사드립니다.

2023년 1월

(사)한국공간구조학회 회장 이 승 재

머리말

PREFACE

지난 2017년부터 2년간 한국공간구조학회 회장으로서 역할을 하는 가운데 국내에서 요구되는 다양한 대공간 막구조설계 지침에 대한 요구가 제기되어 본 지침서에 대한 책임을 맡게 되었습니다. 작년에 출간되었던 공기막구조 설계 지침서와 본 지침서는 다소 생소한 구조분야이지만, 최근 진행된 선두적인 연구를 통하여 KDS(한국구조기준)와 함께 설계에 도움이 될 수 있도록 자세한 해설과 예제가 포함되어 있습니다. 이처럼 대공간구조분야에서 많은 실무자들에게 도움을 줄 수 있는 것은 한국공간구조학회의 역할이 크다고 할 수 있습니다.

ETFE 필름 막재의 장점으로 인하여 외국에서는 과거부터 주로 사용되었지만, 국내에서는 최근에 사용이 증가함에 따라 설계기준 및 방법에 대한 요구가 높아지고 있습니다. 특히, ETFE 필름은 KDS의 막재에 해당되지 않기 때문에 새로운 지침서가 필요하고 개척해야하는 분야로 인식되어 왔습니다.

한국공간구조학회에서 발간한 본 지침서를 통하여 ETFE 필름 막재를 안전하고 효율적으로 설계하는 것을 가능하도록 하고 설계 과정에 도움을 줌으로써 최근 관심이 높아지고 있는 ETFE 필름 막구조물의 설계에 밑거름이 될 것을 기대합니다.

이 책이 만들며 한국공간구조학회, 집필자, 자문위원 그리고 직·간접적으로 참여해주신 모든 분들께 지면으로 감사의 말씀을 전합니다.

감사합니다.

2023년 1월

집필위원장 강 주 원

목 차

CONTENTS

CHAPTER 01

총칙

CHAPTER 01

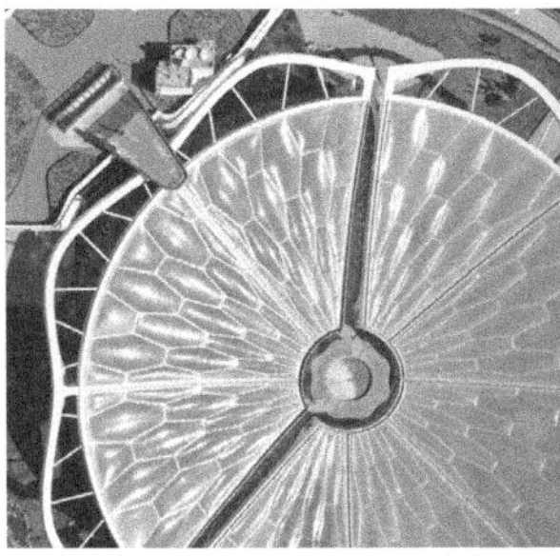

총칙

1.1 작성배경

본 설계지침서는 ETFE 필름이 건축물의 주요 구조부재로 사용될 경우의 구조설계를 위한 기술적 지침을 제시한다.

해설 *explanation*

1. 막구조 재료의 하나인 ETFE(Ethylene Tetra Fluoro Ethylene)는 불소수지 필름 소재로 초경량, 친환경 자재이며, 내구성과 자정효과가 우수하다. ETFE 필름은 다른 막재에 비해 재료 강도는 낮고, 신율이 크며, 직포가 아닌 필름재료이므로 방향성에 따른 인장강도의 차이가 없다. 또한, 투명한 재질로 빛 투과성이 탁월하며, 표면 프린팅을 통한 투광량 조절이 가능하고, LED 등을 사용하여 조명효과를 연출할 수 있다. 이러한 이점으로 인해 국내에서 2007년 태영빌딩을 시작으로 2015년 신촌 세브란스 캐노피, 2018년 마곡중앙공원 식물원 등 ETFE 필름 막재를 이용한 설계 및 시공이 증가하고 있다.
2. 그러나 현재 막구조 설계의 국내 기준인 「KDS 41 70 01 (막과 케이블 구조)」에는 ETFE 필름 막재 관련 내용은 반영되어 있지 않다. 또한, 2011년에 한국공간구조학회에서 발간된「ETFE 막재 패널 설계·시공지침 설계기준」에는 ETFE 필름 막재의 설계, 시공, 유지관리 등 넓은 범위를 다루고 있으며, 막재 설계의 방향을 제시하고 있으나, 구조설계 과정의 구체적인 설명이나 예제가 없기 때문에 실무자가 사용하기에 어려움이 있다.
3. 이처럼 ETFE 필름 막재의 적용이 지속적으로 확대되는데 구조설계에 참고할 만한 지침서가 미흡한 실정에서 본 지침서가 작성되었으며, 이 과정에서 국내에서

2021년 발행된「공기막구조 설계지침서(한국공간구조학회)」와 일본의「막구조 건축물/막재료 등의 기술수준 및 동해설(2020)」의 ETFE 필름 막재 관련조항들을 참고하였다.

1.2 적용대상

본 설계지침서는 지붕 또는 외벽 등에 불소수지 막재의 일종인 ETFE 필름을 막재로서 사용하는 경우에 적용한다.

해설 *explanation*

1. ETFE 필름 막재는 지붕 또는 외벽 등에 사용되는 부분적인 패널로 가정되며, 대형 규모의 막구조 건축물에서는 막재 거동에 대한 세심한 구조 해석/설계 등이 필요하다.
2. 본 지침서는 현재 기능과 가격이 검증된 ETFE 필름 막재를 대상으로 하고 있지만, 다른 불소수지 막재에 대해서도 동등 이상의 성능이 확보되면 준용하는 것이 가능하다.
3. 이 설계지침은 ETFE 필름 막재 설계에 초점을 맞추었으며, 이 막재를 보강, 지지하는 케이블/강구조의 설계는「KDS 41 70 01(막과 케이블 구조)」기준을 적용하므로 특별히 언급하지 않았다.

CHAPTER 02

구조재료

CHAPTER 02

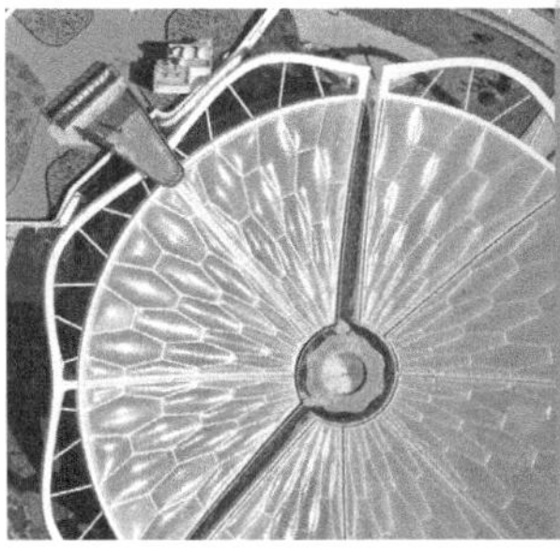

구조재료

2.1 ETFE 필름 막재

2.1.1 ETFE 필름 막재의 특징

ETFE 필름 막재는 플로로카본(Flourocarbon)에 바탕을 둔 중합체로, 비닐 소재의 특성상 가볍고 유연하며, 내구성과 일광투사율이 높아 건축물의 외장재로 사용된다.

해설 *explanation*

1. ETFE 필름은 에틸렌과 테트라 플루오로에틸렌을 95% 이상 포함한 공중합수지로 구성되며, PVDF나 PVF에 비해 융점이 높고, FEP에 비해 인장파단강도 및 인장탄성률이 우수하다. 또한, 염화비닐수지에 비해 내후성, 투광율, 내오염성, 신장, 사용 한계 온도가 우수하다. 유리에 비해서는 내파손성, 경량성이 우수하며, 폴리카보네이트에 비해 내후성, 내열성, 내오염성이 우수하다. 이처럼 필름은 투명재로서의 이용가치가 높다고 할 수 있다.
2. 일반적으로 제품화되어 있는 ETFE 필름 막재는 두께 250μm 이하, 폭 2.35m 이하의 롤 상태로, 로드의 제한은 있지만 제품의 폭 및 두께가 해당 범위 안에 있으면 자유롭게 제조가 가능하다.
3. 또한, 본래 높은 투명성을 가지고 있지만, 자외방사선 투과의 저감, 결로방지, 의장성의 부여(착색, 모양부착 등), 차광성의 부여 등의 용도에 따라 첨가제의 혼합, 표면개질제의 코팅, 인쇄 등에 의해 개질하는 것이 가능하다.
4. 대표적인 ETFE 필름 막재의 생산업체로는 일본의 'AGC Chemicals'와 독일의 'NOWOFOL', 이탈리아의 'PATI' 등이 있으며, 이들이 생산하는 필름 막재의 재료특성은 [해설 표 2.1.1]과 같이 요약할 수 있다.

[해설 표 2.1.1] ETFE 필름 막재의 재료특성

비중	두께	인장강도	신율
1.75g/cm³	15-400μm	40-60N/mm²	200-400%
인장탄성률	인열강도	용융점	빛 투과율
700-1000N/mm²	100N/mm 이상	260℃	90% 이상

2.1.2 ETFE 필름 막재의 시험방법 및 요구성능

ETFE 필름 막재의 품질 및 성능은 아래의 시험항목으로부터 소요 규격치에 대해 적절한 범위 안에 있는 것이 확인되어야한다.

(1) 두께 (2) 인장강도 (3) 인장항복응력 (4) 신율
(5) 인열강도 (6) 내반복절곡성 (7) 내후성 (8) 난연성 (9) 광선투과율

각 시험항목에 대한 시험방법과 규격은 [표 2.1.1]와 같다.

[표 2.1.1] ETFE 필름 막재의 시험방법

시험항목	시험방법	규격값
(1) 두께	KS M ISO 4593 [플라스틱-필름 및 시트-기계적 주사에 의한 두께 측정] - 2002	소정치 ±5%
(2) 인장강도	KS M ISO 6383 [플라스틱-필름 및 시트-인열저항의 측정] - 2006	35N/mm² 이상
(3) 인장항복응력	KS M ISO 6383 [플라스틱-필름 및 시트-인열저항의 측정] - 2006	10N/mm² 이상
(4) 신율	KS M ISO 6383 [플라스틱-필름 및 시트-인열저항의 측정] - 2006	350% 이상
(5) 인열강도	JIS K 7128-3 [플라스틱-필름 및 시트의 인열강도 시험방법-제3부: 직각형인열법] - 1998	170N/mm 이상
(6) 내반복절곡성	KS M ISO 5626 [종이-내절강도시험] - 2006	20만회에 파단하지 않음
(7) 내후성	JIS A 1415 [고분자계건축재료의 실험실광원에 의한 폭로시험방법] - 1999 KS M ISO 13468-2 [플라스틱 투명 재료의 전광선 투과율 측정 제2부: 이중광 기기] - 2007	광선투과율보전률 90% 이상, 인장강도 및 신장율유지율 80% 이상
(8) 난연성	JIS A 1322 [건축용박물재료의 난연성 시험방법] (45° 메켈 배너법) - 1996	방염 1급
(9) 광선투과율	KS M ISO 13468-2 [플라스틱 투명 재료의 전광선 투과율 측정 제2부: 이중광 기기] - 2007	

해설 *explanation*

1. 2011년에 한국공간구조학회에서 발행한「ETFE 막재 패널 설계, 시공지침 설계기준」에서는 막구조물로서 사용할 수 있는 ETFE 필름 막재를 아래와 같이 정의하고 있다.

   (1) ETFE 필름 막재는 에틸렌, 테트라 플루오르칠렌 공중합수지를 원료로 사용한 막재로 외장재료로 적격한 성능을 유지한 것으로 한다.
   (2) 막재의 두께는 50μm 이상의 것으로써 폭 및 길이 방향을 공칭두께의 ±5% 이하로 한다.
   (3) 막재의 질량을 두께 60μm로 105g/m^2, 두께 100μm 로 175g/m^2, 두께 250 μm 로 438g/m^2를 표준으로 한다.

2. 참고로 일본의「막구조 건축물/막재료 등의 기술수준 및 동해설(2020)」에서는 막재로서 사용되는 ETFE 필름에 대하여 아래의 품질 및 성능을 요구한다.

ETFE 필름 막재의 측정 항목은 다음과 같으며 자세한 내용은 해설에 설명한다.
(1) 단위질량
(2) 두께
(3) 인장강도, 파단시 신장률, 신장률 2.5%시 응력
(4) 인열강도
(5) 인장 크리프에 의한 신장
(6) 인장의 반복 하중을 받는 경우의 인장강도(내반복 인장 피로성)
(7) 굽힘의 반복 하중을 받는 경우의 인장강도(내반복 접힘)

구조내력상 주요한 부분에 사용되는 ETFE 필름 막재는 다음 기준에 적합해야 한다.

(1) 흠집, 벗겨짐, 마찰손상 및 기타 내력상 결점이 없어야 한다.
(2) 두께는 0.1mm 이상이어야 한다.
(3) 중량은 면적 1m^2 당 175g 이상이어야 한다.
(4) 인장강도는 단면적 1mm^2 당 40N 이상이어야 한다.
(5) 파단신율은 300% 이상이어야 한다.

(6) 인열강도는 두께 1mm당 160N 이상, 또한 인장강도에 10mm를 곱해서 얻은 수치의 15% 이상이어야 한다.
(7) 인장크리프에 따른 신장율은 15% 이하이어야 한다.
(8) 구조내력상 주요한 부분에서 특히 변질 또는 마찰손실의 위험이 있는 곳에 대해서는 변질 또는 마찰손상에 강한 필름을 사용하거나 변질 또는 마찰손상 방지를 위한 조치를 취한다.

2.1.3 ETFE 필름 막재의 패널 형식

ETFE 필름 막재 패널은 막재 평면의 안정화를 위한 장력부여 방법에 따라 텐션방식 패널과 쿠션방식 패널로 구분된다.

해설 *explanation*

1. 막재 패널은 막재 주변의 프레임과 막재를 프레임에 정착하는 파스너(Fastener)로 구성되어 있다. 파스너를 포함한 외주 프레임으로 둘러싸인 범위를 1 패널로 정의한다. ETFE 필름 막재 패널의 구조형식으로 아래와 같이 두 가지 방식이 있으며, 각 방식에 따라 막재의 평면 안정화를 위한 장력부여 방법이 상이하다. 〈해설 그림 2.1.1〉은 패널의 구조형식을 설명하고 있으며, 〈해설 그림 2.1.2〉는 각 방식의 장력부여 방법을 설명하고 있다.

   (a) 필름 막재를 주변의 장력으로 지지하는 텐션(Tension) 방식
   (b) 튜브형태로 필름 막재 사이에 공기층을 가압하여 필름에 장력을 주는 쿠션(Cushion) 방식

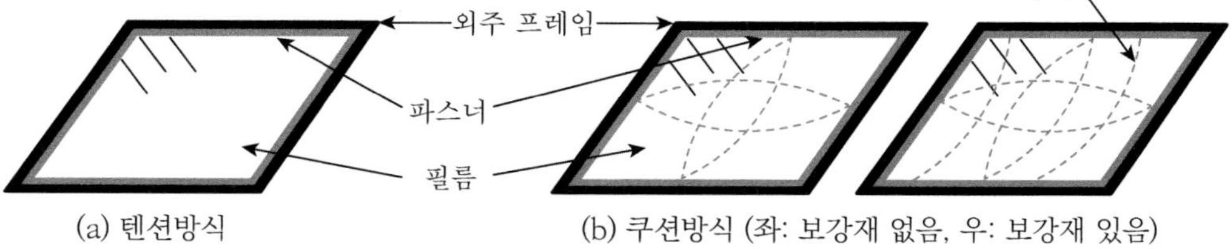

〈해설 그림 2.1.1〉 ETFE 필름 막재의 패널 형식

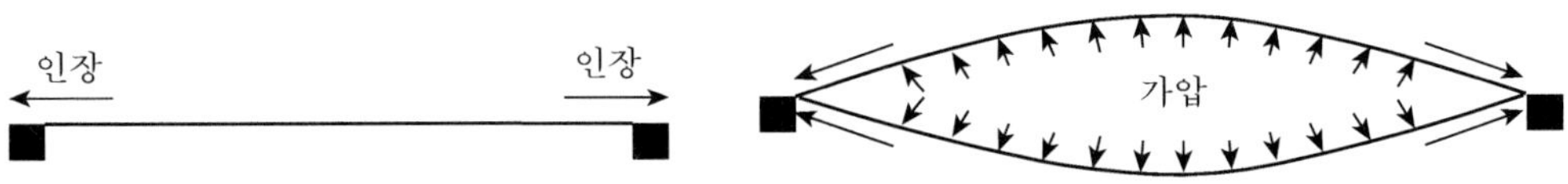

(a) 텐션방식 (b) 쿠션방식

〈해설 그림 2.1.2〉 ETFE 필름 막재 패널의 장력부여 방법

2. 구조 내력상 막재에 초기장력을 도입하여 평면 또는 곡면의 형상을 유지할 수 있도록 하고 해당 막재에 변형이 생긴 경우에도 정착부 이외의 부분과 접촉시켜서는 안 된다. 단, 접촉으로 인한 유효 막면의 파손방지를 위한 조치를 충분히 한 경우에는 예외일 수 있다.
3. 텐션방식에서는 막재의 적절한 두께, 여름 철 기온 상승으로 인한 막재의 늘어짐 등을 고려하여 설계하여야 한다. 초기장력이 너무 크면, 추가 하중/외력이 작용하였을 때, 막재가 탄성을 잃을 가능성이 높아지므로 주의해야 한다. 한편, 쿠션방식에서는 지지하는 스팬이나 쿠션의 형상(곡률반경) 및 평상시 적절한 내압 크기(외압에 대한 저항력)를 확보할 필요가 있다. 두 방식 모두 막재 면은 등장력 곡면으로 안정된 형상으로 유지함으로써 초기장력이 변화하지 않도록 한다.
4. 파스너는 막재를 주위 지지구조에 연결하는 것으로 단지 막재를 고정하는 것만이 아니라, 막재에 가해진 하중을 조인트 및 주변 구조부재에 전달하는 역할을 한다. 종래의 볼트에 의해 고정하는 것 외에, 재료강도가 작아서 용수철이나 나사, 쐐기 효과에 의한 고정 등의 간단한 방법도 가능하다.
5. 텐션 타입에서는 시공 시 막재에 장력을 부가하면서 파스너에 정착시킬 필요가 있으며, 쿠션 타입에서는 내압을 유지하기 위한 공기 차단(Seal)과 가압 장치 등이 필요하다. 각 막재 패널은 독립적으로 지붕재 또는 외벽재 등의 구조 부재로써 충분한 강도를 확보하도록 부착하지만, 특별히 별도의 구조 부재를 외주 프레임으로 하는 경우도 있다. 장방형의 쿠션 형태는 일반적으로 한 방향은 3m 전후로 설계하고 직각방향은 필요한 만큼 길이를 정할 수 있다. 〈해설 그림 2.1.3〉은 막재 쿠션패널의 접합부 상세 사례를 보여준다.

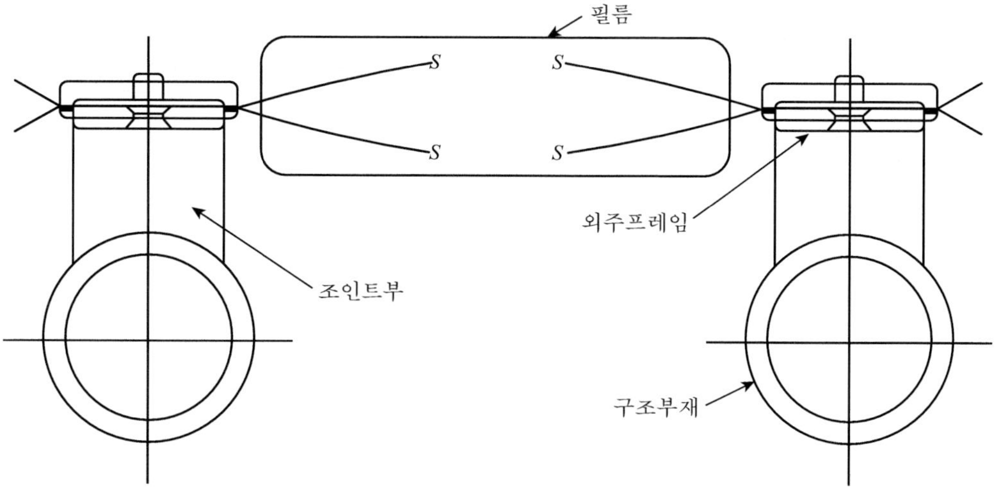

〈해설 그림 2.1.3〉 막재 패널의 고정설치 예 (쿠션타입의 경우)

2.2 케이블

케이블 재료 및 종류, 물성치 등과 설계와 관련된 내용은 건축구조기준「KDS 41 70 01(막과 케이블 구조)」에 따르도록 한다.

해설 *explanation*

1. 케이블 재료는 KS D 3509, KS D 3556, KS D 3510, KS D 3559, KS D 3514 및 KS D 7002의 규격에 맞는 선재를 냉간 가공한 소선을 사용함을 원칙으로 하고, 다음 종류를 표준으로 한다.

(1) 구조용 스트랜드 로프
(2) 구조용 스파이럴 로프
(3) 구조용 록 코일 로프
(4) 구조용 평행선 스트랜드
(5) 피복 평행선 스트랜드
(6) PC 강연선

2. 케이블 재료의 성질은 아래 [해설 표 2.2.1]과 같다.

[해설 표 2.2.1] 케이블 재료의 성질

	파단하중*	프리스트레싱 후 초기신장 (%)	탄성계수** (N/mm^2)	크리프 변형도 (%)
(1) 구조용 스트랜드 로프	KS D 3514	0.1 - 0.2	140,000	0.025
(2) 구조용 스파이럴 로프		0.05 - 0.1	160,000	0.015
(3) 구조용 록 코일 로프				
(4) 구조용 평행선 스트랜드		0	200,000	0.007
(5) 피복 평행선 스트랜드				
(6) PC 강연선	KS D 7002		190,000	

* 파단하중 : 케이블 재료의 파단하중은 KS D 3514 및 KS D7002에 따라 구한다.

** 탄성계수 : 케이블 재료의 탄성계수는 시험결과에 따라 구하는 것을 원칙으로 하며, 시험을 하지 않은 경우, 위의 값으로 가정할 수 있다.

CHAPTER 03

설계하중

CHAPTER 03

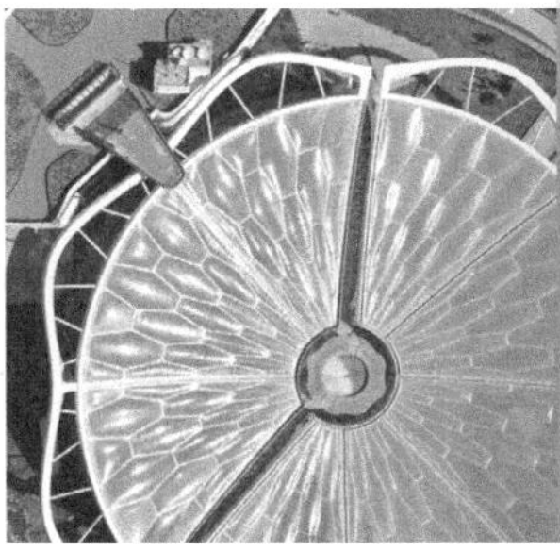

설계하중

3.1 하중기준

ETFE 필름 막재의 설계하중은「KDS 41 10 15(건축구조기준 설계하중)」에 따른다. 하지만, 막구조의 형식, 구법, 시공법 등에 따라 특별히 발생하는 하중은 실제 상황을 고려하여 적절히 산정한다.

3.2 하중종류

막/케이블 구조에 적용되는 설계하중은 다음과 같다.
(1) 고정하중(D) (2) 활하중(L) (3) 초기장력(T_i) (4) 내부압력(P_i)
(5) 적설하중(S) (6) 풍하중(W) (7) 지진하중(E) (8) 온도하중(T)

특별하중은 지진/풍하중 작용 시, 상하/수평으로 하중이 증폭되는 효과가 예상되는 경우에 이를 고려한 검토가 필요하다. 골조의 상하진동모드가 탁월해지는 특성이 있는 경우에는 특별하중으로 인한 부가 진동의 발생 가능성에 대한 검토가 필요하다.

해설 *explanation*

1. 고정하중(D)

   막/케이블 구조의 고정하중은 지붕재, 철골자중, 천장 등이 있다. 그 외의 고정하중으로는 캐트워크, 조명장치, 스피커, 윈치를 포함한 가동형 설비장치, 전망대, 영상장치, 이벤트용 하중 등 구조계획이나 마감 재료에 따라 작용하는 하중 등이 있다.

2. 활하중(L)

활하중은 점유 및 사용으로 인하여 발생하는 하중이므로,「KDS 41 10 15(건축구조기준 설계하중)」에 명시된 "가. 점유 사용하지 않는 지붕(지붕활하중)"의 등분포 활하중 부분을 고려하지 않을 수 있다. 일반적으로 막/케이블 구조의 활하중은 철골조립 및 막재 설치 시에 단기적으로 발생하며 풍/적설 등의 하중이 지배적이므로 고려하지 않을 수 있다.

3. 초기장력(T_i)

ETFE 필름 막재 및 구조용 케이블의 초기장력은 다음과 같다.

① ETFE 필름 막재 : 1kN/m 이상 (쿠션방식 제외)
② 구조용 케이블 : 막면 및 구조 전체의 내력이나 강성을 확보하는 초기장력 사용

막재면이 완성된 형상은 고정하중 및 막면의 초기장력의 상태에서 평형을 이루도록 설계한다. 일반적으로 ETFE 필름 막재의 텐션방식에 도입하는 초기장력은 1kN/m 정도로 한다. 쿠션방식의 경우는 내압의 제어에 의해 막재의 초기 장력을 유지할 수 있기 때문에 기준의 1kN/m 이상으로 하지 않아도 된다.

막재와 같이 구조용 케이블은 막면 및 구조 전체의 내력이나 강성을 확보하기 위해 사용되며, 외력변화 등에 따른 케이블의 장력손실에 따른 불안정 현상이 발생하지 않도록 설계한다. 풍/적설하중 등이 작용했을 때에 케이블 장력이 소실되면, 막면 및 구조 전체의 불안정 현상을 낳는다. 적설하중 등의 정적하중이 작용하여 케이블이 부분적으로 장력을 소실할 우려가 있는 경우에는 구조 전체의 안전성을 사전에 검토한다.

4. 내부압력(P_i)

쿠션구조의 경우, 송풍충전방식에 따라 완전밀폐, 송풍충전, 자동제어시스템의 3가지가 있는데, 공기막구조에 대해서 최대/최소/상시 내부압이 합리적으로 설계되어야 한다. 최대 내부압은 심각한 구조변경에서도 최악의 상태가 발생하지 않도록 설정하여야한다. 최소 내부압은 정상적인 기후와 서비스 상태에서 구조 안전성을 확보하기 위한 것으로 일반적으로 200N/m^2 이상이어야 한다. 상시 내압은 자중 등 통상 상태에서의 하중 및 외력에 저항할 수 있는 초기장력이 도입되

도록 200~300N/m^2 정도로 하나, 강설이나 강풍 시의 관리 방법을 함께 고려하여 안정할 필요가 있다. 특히, 풍압력이 작용할 때에는 특징적인 저항형태(부압시에는 상측 필름, 정압시에는 하측 필름이 저항함)가 형성되므로 이를 고려하여 설계한다. 내압관리를 하지 않았을 경우에는 상시 내압을 항구적으로 높여두거나, 강설이나 태풍 정보에 대응하여 일시적으로 내압을 높이는 방법도 있다. 「KBC 2016(건축구조기준 및 해설)」의 "0901.2.2(7) 해설"에서는 공기막구조의 내압기준을 다음과 같이 제시하고 있다.

① 정상상태: 200N/m^2
② 적설시 : 정상상태+200N/m^2 보다 크거나 1,200N/m^2 이하
③ 강풍시 : 200N/m^2
④ 폭풍시 : 〈해표 0901.2.1.〉의 값보다 크거나 같아야 한다.
⑤ 지진시 : 200N/m^2

[해설 표 3.2.1] KBC 2016 〈해표 0901.2.1〉 공기막구조의 내압기준 (일반적 공기막구조)

	H/W	내압 (N/m^2)		H/W	내압 (N/m^2)
구형	0.75	≥10q	원통형	0.75	≥8q
	0.5	≥7q		0.5	≥6q
	최대 0.375	≥6q		최대 0.375	≥5q

H : 건물의 높이, W : 건물의 최대 폭
q : 건축구조기준에 지정된 바람의 속도압

5. 적설하중(S)

지붕 막면의 적설 상태는 곡면 형상, 바람, 활설의 영향 등에 따라 매우 다를 수 있다. 특히 막 재료면은 매끄럽고 활설이 생기기 쉬우므로, 국부적인 불균형도 고려하여 설계용 적설하중을 결정하는 것이 중요하다.

6. 풍하중(W)

막/케이블 구조형식이 특수하여 법령이나 기준 등을 참고로 풍압계수를 설정할 수 없는 경우도 많다. 무차원풍속(U_H/nL)이 1을 초과하고, 난류강도(I_H)가 0.15 미만이면서 질량비(m/ρL)가 3 미만인 경우에는 공력불안정진동이 발생할 수 있으므로 풍동실험 또는 동등 이상의 수치해석을 실시하여 공력 불안정진동에 대한 검토

를 하여야 한다.

일반적으로 장스팬 구조물의 골조막 구조물은 경량지붕이며, 구조설계는 풍하중이 지배하는 경우가 많다. 이와 같은 경우 바람에 의한 동적거동이 문제가 되는 경우가 있으며, 장스팬 구조물의 특성인 1차 모드와 고차 모드가 근접하여 고차 모드의 영향이 강하게 나타나는 경우가 많다. 따라서, 가스트 영향계수를 정의하는 것이 어려워지므로 풍동실험에 의한 풍력계수를 시간이력으로 측정하여, 시간이력 응답해석으로부터 직접 각 부재의 응력 및 변형을 구하여 구조설계에 반영하는 방법도 많이 사용된다.

강한 지지구조 상부에 설치되는 ETFE 필름 막재 설계를 위한 풍하중은 골조해석을 위한 풍하중과 달리, "외장재 설계용 풍압계수"를 별도로 적용해야 한다. 이런 경우에는 유효 수압면적에 따라 피크외압계수가 크게 달라질 수 있으므로 주의가 필요하다.

7. 지진하중(E)

막의 자중은 매우 작아 지진의 영향을 많이 받지 않기 때문에 내진설계는 고려하지 않아도 되지만, 막의 지지구조는 내진설계를 반드시 고려해야 한다. 막을 제외한 골조 및 지지구조물에서는 구조물에 수평방향의 지진하중으로 인해 수평방향은 물론 상하방향으로 큰 지진응답이 발생할 수 있다.

8. 온도하중(T)

온도하중은「KDS 41 70 01(막과 케이블 구조)」에 명확히 언급되어 있지 않으나, 설계 여건에 맞추어 이에 대한 고려가 필요할 수 있다. 참고로 일본「막구조 건축물/막재료 등의 기술수준 및 동해설(2020)」의 온도하중 내용을 아래와 같이 소개한다.

> 막재 면의 온도 측정 사례를 살펴보면, 일사각이 높은 위치에서 막재료(백색)의 표면 온도가 일반적으로 외부기온보다 +10℃ 정도로 예상된다. 또한, 막재의 외표면 온도가 49℃일 때, 내표면 온도도 49℃인 측정 예(도쿄)도 있는데, 막재료가 얇기 때문에 막재의 앞뒷면은 큰 차이가 없다고 생각할 수 있을 것이다.

한편, 실내 온도는 환기 횟수에 따라 큰 차이가 있다. 골조 막구조에서는 일반적으로 막재료 등과 구조내력상 주요한 부분(철골프레임 등) 사이에는 연결재가 있기 때문에 직접 접촉하는 경우는 적다. 따라서 철골 골조의 온도는 막의 이면온도보다 낮다고 판단된다. 철골 트러스의 상하현재 경우, 상현재가 막재면에 접촉하고, 하현재가 실내온도와 같다고 가정해도 일반적으로는 상하현재의 온도차는 커지지 않는다. 구조용 케이블의 온도 변화에 대해서는 일사를 받는 옥외 케이블의 경우 '건축구조 케이블 설계 시공 지침'에서 아래 표의 재료온도를 규정하고 있다.

[해설 표 3.2.2] 구조용 케이블의 온도 산출에 이용하는 재료온도

하중상태		온도하강	온도상승
상시 또는 지진시	일반지	-10℃-T_0	50℃-T_0
	한냉지	-30℃-T_0	50℃-T_0
폭풍시			35℃-T_0

T_0는 기준 온도이며, 일반적으로 시공시의 온도를 의미하고 있다. 폭풍시의 온도 변화에 대해서는 필요 시 고려한다. 옥내 구조용 케이블에 대해서는 옥내 기온 변화량을 참고로 하지만, 막구조의 막면에 직접 접촉하고 있는 경우는 옥외 구조용 케이블로서 생각하면 안전하게 설계된다고 생각해도 좋다.

3.3 하중조합

막/케이블 구조는 허용응력설계법을 사용하며, 하중조합은「KDS 41 70 01(막과 케이블 구조)」에 따른다. 지지구조인 철골 또는 철근콘크리트의 구조부재 설계는「KDS 41 10 15(건축구조기준 설계하중)」의 강도설계법의 하중조합을 따른다.

해설 *explanation*

1. 막/케이블 구조의 허용응력 설계법에 따른 하중조합은「KDS 41 70 01(막과 케이블 구조)」, 〈표 1.3-1〉과 같으며 가장 불리한 경우로 설계한다. 다설지역에서는 바람과 적설하중을 동시에 고려할 수 있다.

[해설 표 3.3.1] KDS 41 70 01, 〈표 1.3-1〉 하중조합

하중의 종류		하중조합
장기하중	상시	D+L+T_i(P_i)
단기하중	적설시	D+L+S+T_i(P_i)
	폭풍시	D+L+W+T_i(P_i)

D: 고정하중, L: 활하중, S: 적설하중, W: 풍하중, T_i: 초기장력, P_i: 내부압력

2. 또한, 지지구조가 철골이나 철근콘크리트 구조인 경우에는 구조부재의 설계를 위하여, 「KDS 41 10 15(건축구조기준 설계하중)」의 “1.5.1 강도설계법(한계상태설계법)”의 하중조합이 필요할 수 있다.

① 1.4(D+T_i)
② 1.2(D+T_i+T) + 0.5(L_r 또는 S 또는 R)
③ 1.2(D+T_i) +1.6(L_r 또는 S 또는 R) ± (0.65W)
④ 1.2(D+T_i) ± 1.3W + 0.5 (L_r 또는 S 또는 R)
⑤ 1.2(D+T_i) ± 1.0E + 0.2S
⑥ 0.9(D+T_i) ± 1.3W
⑦ 0.9(D+T_i) ± 1.0E

여기서, T_i=초기장력(내부압력), T=온도하중, L_r=지붕활하중,
E=지진하중, R=강우하중

CHAPTER 04

구조해석

CHAPTER 04

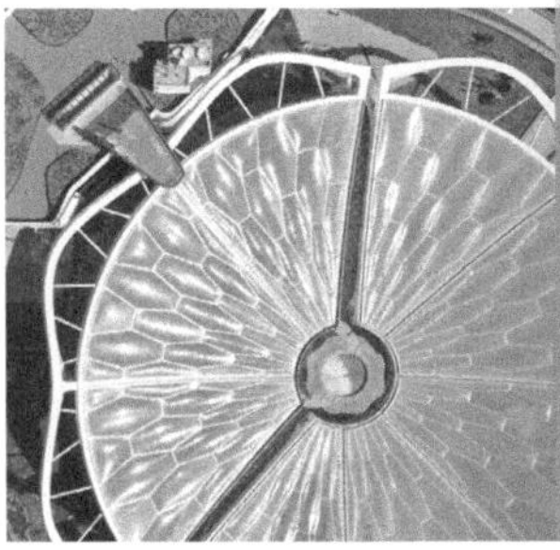

구조해석

4.1 해석 순서

막구조물의 해석 순서는 다음과 같이 요약할 수 있다.
(1) 초기 평형상태의 위상(Topology)을 결정하는 형상 해석
(2) 형상 해석이 완료된 초기 평형상태에 설계하중을 적용한 응력-변형도 해석
(3) 시공을 위한 재단도 해석

해설 *explanation*

1. 막구조의 해석은 형상해석, 응력-변형도 해석, 재단도 해석의 순서로 이루어지며, 필요하다면 시공해석도 수행하여야 한다.
2. 구조해석방법으로 유한요소법, 동적이완법, 내력밀도법 등이 있는데, 해석 과정에서 기하학적 비선형을 고려하여야 한다. 따라서 이를 수행할 수 있는 적절한 구조해석 프로그램의 선정이 매우 중요하다. 막/케이블 부재는 원칙적으로 인장력에만 저항하는 선형 탄성부재로 가정한다.

4.2 형상 해석

막/케이블 구조에 있어서 형상 해석은 초기 평형상태의 형상을 결정하는 것으로, 고정하중과 초기하중(초기장력, 내부압력)만을 고려한 상시 상태로 진행된다.
이 때, 초기장력 및 내부압력으로 막재의 형태를 설계자가 구현하고자 하는 모양으로 확인하도록 한다.

해설 *explanation*

초기장력과 내부압력은 막구조 형식, 하중, 변형, 시공 및 기타 요인들을 고려하여 결정한다.

4.3 응력-변형도 해석

응력-변형도 해석은 형상 해석에서 결정된 초기장력 및 내부압력과 기하학적 형상을 바탕으로 하며, 주어진 하중조합에 따라서 발생되는 막구조물의 응력과 변형상태를 점검하여 재료의 허용응력과 변위제한을 초과하지 않도록 구조설계를 진행한다.

해설 *explanation*

응력-변형도 해석에 따른 결과가 형상 및 재료의 역학적 요구를 만족하지 않는 경우에는 형상해석을 다시 수행한다.

4.4 재단도 해석

시공단계에서는 재단도 해석이 필요한데, 초기 평형형상에서 구해진 형상을 실제 시공이 가능한 상태로 만드는 과정으로, 3차원의 막재를 전개하여 평면 스트립으로 분할한다. 외관, 막재 폭을 고려한 효율적인 재료의 사용, 막의 직교 이방성 등을 고려하여 재단선을 정한다.

해설 *explanation*

1. 재단도 해석법에는 지오데식 라인법, 플랫트닝 법 등이 있으며 재단선을 결정하기 위하여 사용된다.
2. 재단도 해석에서 초기 장력과 막의 크리프 특성을 반영하여야 한다. 막 스트립의 수축 값에 따라 재단의 크기가 조정될 수 있기 때문에 이에 대하여 면밀히 검토하여야한다.

CHAPTER 05

구조설계

CHAPTER 05

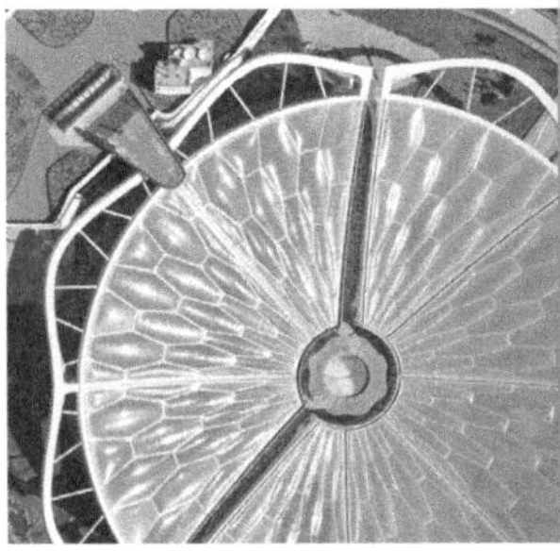

구조설계

5.1 설계방법

> 막재 설계는 허용응력설계법을 적용하며 그 이외의 부재에 대해서는 허용응력설계법과 동등 이상의 구조설계법을 이용하여, 막구조 또는 그 외의 구조를 병용한 건축물의 안전을 확인할 수 있는 구조계산이 이루어져야 한다. 케이블구조에 대한 설계는 허용응력설계법 또는 그와 동등 이상의 구조설계법을 이용하여, 케이블 또는 그 외의 구조를 병용하는 건축물의 안전을 확인할 수 있는 구조계산이 이루어져야 한다.

해설 *explanation*

1. 막재 및 케이블 설계는 원칙적으로「KDS 41 70 01(막과 케이블 구조)」을 따라 허용응력설계법을 이용한다.
2. 허용응력설계법 외에도 독일의「DIN 4134: Air-supported structures」는 강도설계 방법을 기반으로 한 막재(Fabric) 설계방법이 잘 정리되어 있어서 종종 활용된다. 강도설계법의 하중조합으로 막재의 소요강도를 구하고, 보유 설계강도를 산정하는「DIN 4134」의 방법을 간략히 소개한다.

> 「DIN 4134: Air-supported structures」
>
> 강도설계법 적용 시, 막재 설계강도, $f_d = f_{t,k} / (\gamma_m A_0 A_1 A_2 A_3)$

여기서, $f_{t,k}$: 파단강도

γ_m : 재료안전계수(Material Safety Coefficient) = 1.4(막재)/1.5(접합부)

A_0 : 하중방향계수 = 1.0(막재 1방향 힘) ~ 1.2(2방향 힘) (1.2, 접합부)

A_1 : 하중지속계수 = 1.6~1.7 (1.5~3.4, 접합부)

A_2 : 주변오염계수 = 1.1~1.2 (1.2, 접합부)

A_3 : 온도계수 = 1.1~1.25 (1.4~1.95, 접합부)

상기 값을 이용하여 막재와 접합부에 대하여 적용하면, 다음과 같은 포괄적인 안전율을 추정해 볼 수 있다.

(1) 막재

장기하중: $A_{res} = \gamma_m A_0 A_1 A_2 A_3$ = 3.3 ~ 4.3

태풍: = 1.8 ~ 2.0

적설하중: = 2.9 ~ 3.4

(2) 접합부

장기하중: $A_{res} = \gamma_m A_0 A_1 A_2 A_3$ = 4.5 ~ 6.3

태풍: = 2.2

적설하중: = 3.3

5.2 변위제한

막재의 변위제한은「KDS 41 70 01(막과 케이블 구조)」를 따른다.

해설 *explanation*

막구조에 작용하는 하중 및 외력에 따른 변형은 비교적 크고, 또한 바람에 따른 막면의 강제진동이 생길 수 있으므로「KDS 41 70 01(막과 케이블 구조)」, 〈표 4.1-1〉의 막재의 변위제한과 동일한 규정을 적용한다.

[해설 표 5.2.1] KDS 41 70 01, 〈표 4.1-1〉 막재의 변위제한

막재의 지점간 거리	하중	최대변위량/지점간 거리	
		주변이 골조 (골조막구조)	주변의 일부가 케이블 경계 (케이블막구조)
4m 이하	적설 시	1/15 이하	1/10 이하
	폭풍 시 하중의 1/2	1/20 이하	1/10 이하
4m 초과	적설 시	1/15 이하	1/10 이하
	폭풍 시	1/15 이하	1/10 이하

5.3 ETFE 필름 막재의 허용인장응력

ETFE 필름 막재의 허용인장응력은 [표 5.3.1]에 따른다.

[표 5.3.1] ETFE 필름 막재의 허용인장응력

구분		장기하중 허용인장응력(N/mm²)	단기하중 허용인장응력(N/mm²)
적설 시	접지 않는 경우	$\frac{1.4F_1}{2}$	$\frac{4.5F_1}{5}$
	접는 경우	$\frac{1.4F_1}{2}$	$\frac{3.6F_1}{5}$
적설 시 외	접지 않는 경우	$\frac{F_1}{2}$	F_1
	접는 경우	$\frac{F_1}{2}$	$\frac{4F_1}{5}$

F_1 : 필름 막재의 제1기준강도(N/mm²)

ETFE 필름 막재가 쿠션방식인 경우, 폭풍 시의 경우에는 단기 허용 인장응력을 [표 5.3.2]과 같이 적용할 수 있다.

[표 5.3.2] 쿠션방식 ETFE 필름 막재의 단기 허용인장응력

구분		단기하중 허용인장응력(N/mm²)
쿠션방식	폭풍 시	$\frac{6F_1}{5}$

F_1 : 필름 막재의 제1기준강도(N/mm²)

또한, 한계상태설계법을 적용할 때 필요한 인장강도는 [표 5.3.3]을 이용한다.

[표 5.3.3] ETFE 필름 막재의 인장강도

구분		인장강도(N/mm²)
막재 필름	적설 시	$\frac{6F_1}{5}$
	적설 시 외	F_2

F_1: 필름 막재의 제1기준강도(N/mm²)
F_2: 필름 막재의 제2기준강도(N/mm²)

해설 *explanation*

1. ETFE 필름 막재의 보유 설계강도는 기본적으로 생산업체가 제공하는 물성치와 설계 강도를 바탕으로 산정한다.
2. 일반 막재의 직교 이방성과 다른 ETFE 필름 막재의 평면 등방성(Transversely Isotropic) 재질 특성을 고려하여, 다축 막응력인 경우에는 아래와 같은 von Mises 응력을 대푯값으로 검토할 수 있다.

$$\sigma_e \equiv \frac{3}{\sqrt{2}}\tau_{oct} = \sqrt{\sigma_x^2 - \sigma_x\sigma_y + \sigma_y^2 + 3\tau_{xy}^2}$$

여기서,

$\tau_{oct} = Octahedral\ Shear\ Stress$

$\sigma_x, \sigma_y =$ 필름의 국부좌표 x축, y축 방향 응력

$\tau_{xy} =$ 필름의 전단응력

3. 참고로 일본의 「막구조 건축물/막재료 등의 기술수준 및 동해설(2020)」에서는 ETFE 필름 막재의 인장강도 및 허용응력도에 대하여 아래와 같이 설명한다.

> ETFE 필름 막재의 허용 인장응력은 재료의 항복점, 응력도-변형률, 크리프(Creep)/응력이완(Relaxation), 쿠션방식의 구조적 특이성 등을 고려하여 결정된다. ETFE로 대표되는 불소수지 필름은 자외선에 강하기 때문에 옥외 노출 상태에서의 강도 저하는 보기 어렵다. 불소수지 필름은 ETFE 외에도 여러 종류가 있다.
>
> (1) ETFE 필름의 인장기준강도
>
> ETFE 필름의 인장기준강도는 허용응력도 설계에서 막구조 안전에 대한 기초값을 확보하기 위해 중요하다. 〈해설 그림 5.3.1〉에는 2개의 항복점이 있는데, 제1항복점과 제2항복점 사이에는 재료 경화를 보여주는 안정적인 2차 구배를 가진다.

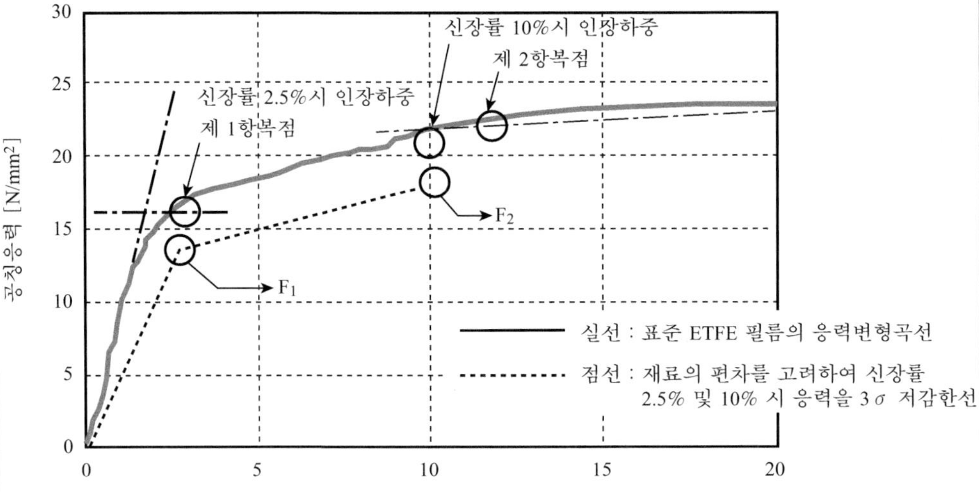

〈해설 그림 5.3.1〉 ETFE 필름의 응력-변형도 관계

ETFE 필름의 제1기준강도는 신장률 2.5%의 제1항복점, 제2기준강도는 10%의 제2항복점으로 정의되며, 쿠션 방식의 허용 소성변형의 크기를 검토할 때 참고할 수 있다. 구조계산에서는 원칙적으로 막재료의 모든 부분에서 허용응력도 등의 수치를 만족하고 있음을 확인함으로써 구조안전성을 판단하고 있으므로, 건축재료로서 인정을 받은 ETFE 필름의 기준강도는 제조회사가 보증해야 한다. 제조회사가 막재 필름의 제조 강도편차를 고려하는 방법으로 인장강도 시험에서 시험편을 20장 이상으로 하고 신장율 2.5% 및 10%시 응력의 평균치보다 3배 표준편차 수치를 공제할 수도 있다.

(2) 장기 및 적설 시의 허용 응력도

텐션방식 ETFE 필름의 경우에는 자중 및 초기장력, 쿠션 방식인 경우 자중 및 공기압이 상시 작용하는 하중이 된다. 또한 적설하중도 계속적으로 작용하는 하중으로 고려할 필요가 있다. ETFE 필름은 제1항복점의 1/2 응력에서 크리프가 약간 발생하며, 제1항복점을 넘는 응력에서는 크리프가 크게 증가한다. 다설구역에서는 수 개월에 걸친 하중, 일반구역에서는 수 일에 걸친 하중을 가정하여 크리프 변형이 크지 않도록 허용응력을 별도로 지정하고 있다. 필름과 눈 사이에 수분이 존재하면 미끄럽기 때문에, 완경사에서도 적설의 움직임이 발생한다. 지붕의 골이 있는 형상에서는 불균형 적설하중을 고려할 필요가 있다.

(3) 쿠션방식의 허용응력도

쿠션방식은 항복점을 넘는 응력에 의해 소성변형을 일으키면 쿠션의 외막 상승, 내막의 처짐(Sag)이 증가한다. 공기압을 이용하지 않을 경우에는 소성변형의 발생은 초기 장력의 저하나 막면의 느슨함으로 이어지므로 응력도가 항복점을 넘지 않도록 해야 한다. 쿠션방식은 막재의 상승이나 처짐 증가에 의해서 필름이 다른 부재에 접촉하지 않고 건축 외관에 지장이 없는 경우에는 소성변형을 허용하는 설계가 가능하다. ETFE 필름은 제1항복점과 제2항복점의 사이에 재료 경화의 안정적인 거동을 보여주므로, 쿠션 방식의 폭풍시 허용응력도를 제1기준강도의 1.2배로 하고 있다.

(4) ETFE 필름의 접기

ETFE 필름의 지붕면 또는 벽면이 이동하기 위하여 ETFE 필름을 접어서 사용하는 경우가 요구될 수 있다. 막재의 반복 접기는 접힘 부분의 강도 저하가 예상되므로, 1일에 1~2회 정도의 통상 개폐를 가정해 막재의 허용 응력도를 설정하고 있다. 또한, 쿠션방식으로 쿠션 자체를 접을 경우에는 일단 내부의 공기를 빼고 나서, 혹은 뽑으면서 접어서 공기압 및 접이기구의 제어를 동시에 하는 등 관련 설비설계와 안전성을 확인할 필요가 있다. 또한, 쿠션을 접을 경우의 허용응력도는 설정이 되어있지 않기 때문에 충분한 허용응력을 갖도록 설계 한다.

5.4 ETFE 필름 정착부의 허용인장응력

ETFE 필름 정착부의 허용인장응력은 [표 5.4.1]에 열거한 허용내력을 필름의 정착부 종류 및 형상에 따라 구한 유효 단면적으로 나눈 수치로 한다.

[표 5.4.1] ETFE 필름 정착부의 허용내력

구분	장기하중에 대한 허용내력(N)	단기하중에 대한 허용내력(N)
적설 외 경우	$\frac{F_{fj}}{3}$	$\frac{2F_{fj}}{3}$
적설 시	$\frac{1.4F_{fj}}{3}$	$\frac{1.8F_{fj}}{3}$

F_{fj} : ETFE 필름 정착부의 인장시험을 통해 구한 인장강도(N)

ETFE 필름 막재 내부의 공기압을 높임으로써 막재에 장력을 도입하는 쿠션방식의 경우, 폭풍 시의 구조계산을 할 때에는 단기 발생 하중에 대한 허용인장응력은 [표 5.4.2]의 허용내력을 필름 정착부 종류 및 형상에 따른 유효단면적으로 나눈 수치로 산정할 수 있다.

[표 5.4.2] 쿠션방식 ETFE 필름 정착부의 폭풍 시 허용내력

구분		단기하중에 대한 허용내력(N)
쿠션방식	폭풍 시	$\frac{2.4F_{fj}}{3}$

F_{fj} : ETFE 필름 정착부의 인장시험을 통해 구한 인장강도(N)

ETFE 필름 정착부의 인장강도는 종국내력을 막재 정착부의 종류/형상에 따른 유효단면적으로 나눈 수치(구조계산 상 관련 수치, 또는 전 호의 규정에 따른 인장강도 중 작은 수치)를 사용한다.

[표 5.4.3] ETFE 필름 정착부 인장 종국내력

구분	인장에 대한 종국내력(N)
ETFE 필름	$\frac{2.5F_{fj}}{3}$

F_{fj} : ETFE 필름 정착부의 인장시험을 통해 구한 인장강도(N)

해설 *explanation*

정착부란 막재가 타부재로 정착하는 부위를 가리킨다. 필름 정착부의 허용인장응력, 인장강도는 정착부 시험에서 구한 인장강도에 근거하여, 소정의 안전률을 적용하여 계산한 허용내력, 종국내력의 수치를 '유효단면적으로 나눈 수치'에 의한다. 하지만, 실용적으로는 정착부의 길이 당 인장내력을 그대로 사용하여 구조를 계산할 수 있다. 필름 정착부는 접합방식에 따라 다양할 수 있어서, 일률적으로 허용내력이나 종국내력을 정하기 어렵다. 그러므로, 정착부에 대해서는 실제 정착부에 대한 3개 이상의 시험체를 이용한 인장시험을 실시하고, 그 평균치를 정착부의 인장강도로 한다.

5.5 케이블의 허용인장력

케이블 재료의 허용인장력은「KDS 41 70 01(막과 케이블 구조)」, 4.2에 따라 [표 5.5.1]에 따른다.

[표 5.5.1] 케이블의 허용인장력

장기하중에 대한 허용인장력(N)	단기하중에 대한 허용인장력(N)
$\frac{F_p}{3}$	$\frac{1.33F_p}{3}$

F_p : 케이블의 파단하중(N)

CHAPTER 06

ETFE 막구조물 설계 예제

CHAPTER 06

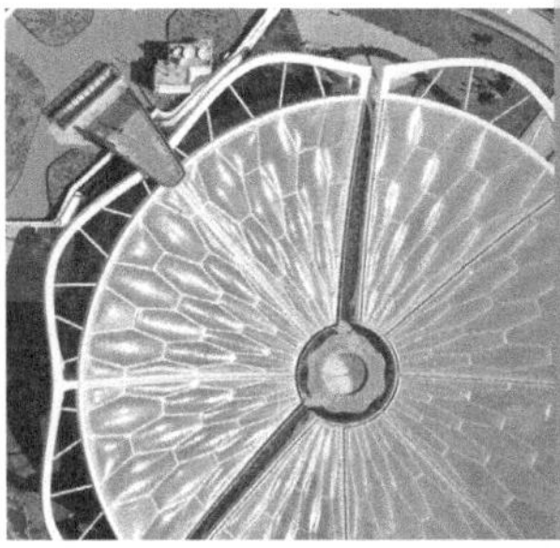

ETFE 막구조물 설계 예제

6.1 텐션방식 ETFE 막구조물 설계 예제

6.1.1. 개요

6.1.1.1 구조물 개요

위치	서울시
규모	길이 : 10.0m 폭 : 8.0m 높이 : 4.2m
구조형식	철골 구조, 막-케이블 구조(ETFE 필름, 텐션방식)
용도	주차장

6.1.1.2 구조물 형상

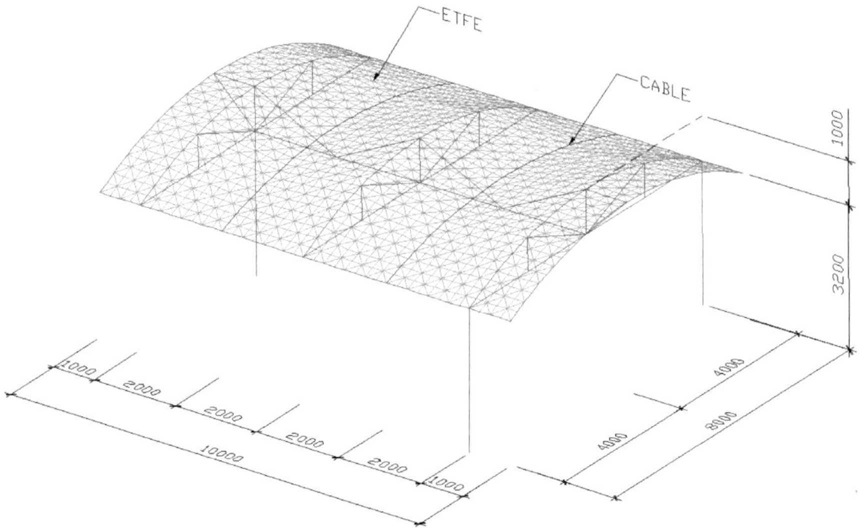

그림1. 3D 모델링 형상 및 치수(mm)

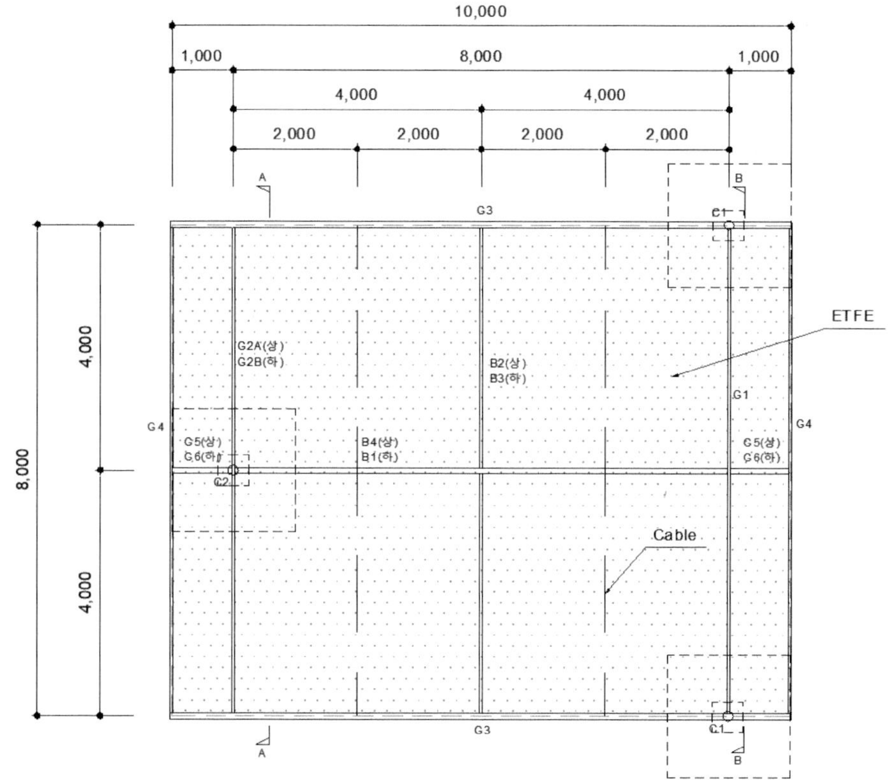

그림2. 평면도(mm)

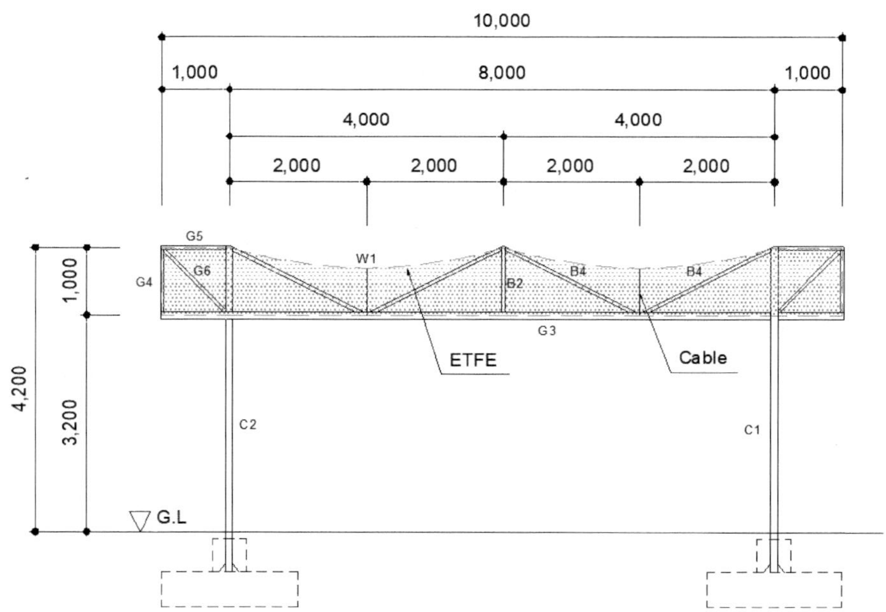

그림3. 입면도(mm)

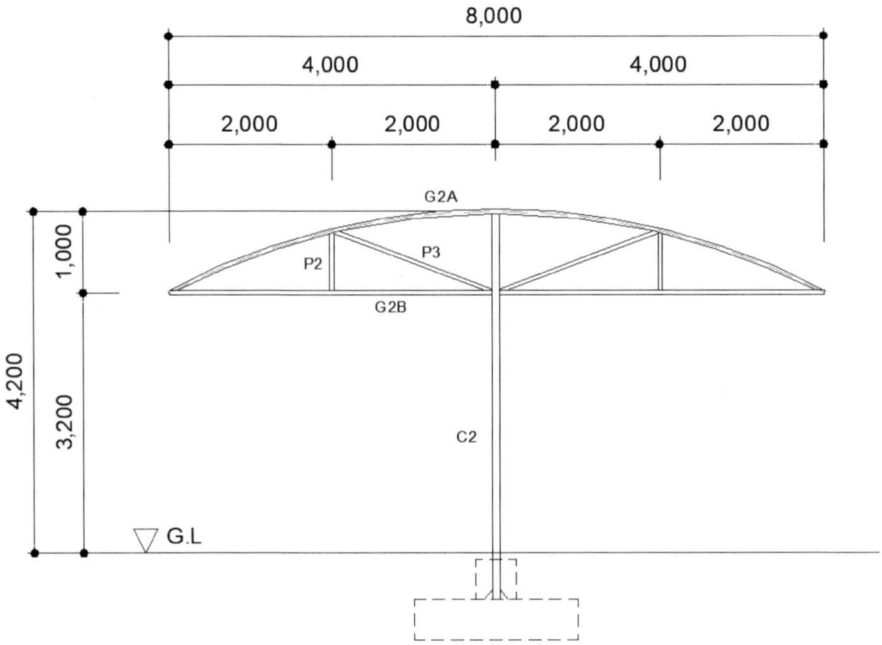

그림4. A-A단면도(mm)

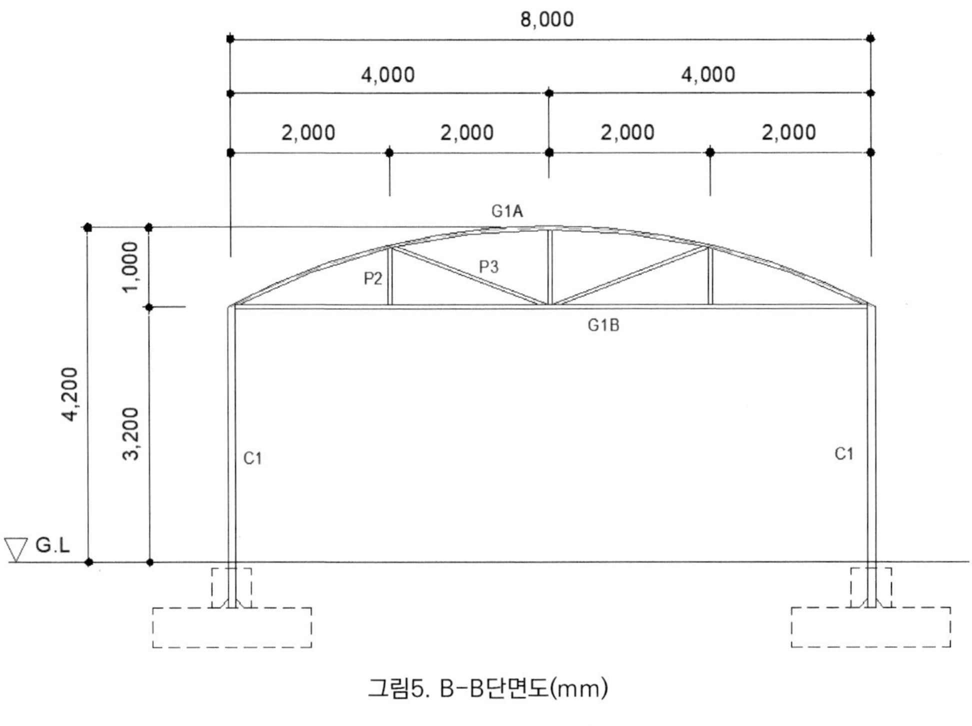

그림5. B-B단면도(mm)

6.1.2. 설계기준

6.1.2.1 적용기준

(1) KDS 41 10 15 건축구조기준 설계하중 (2019, 국토교통부)
(2) KDS 41 70 01 막과 케이블 구조 (2016, 국토교통부)

6.1.2.2 참고자료

(1) ETFE 필름 막구조 설계 지침 및 해설 (2022, 한국공간구조학회)
(2) 막구조의 건축물, 막재료 등의 기술 기준 및 동해설 (2020, 일본)

6.1.2.3 적용규칙

(1) 건축법 시행규칙
(2) 건축물의 구조기준 등에 관한 규칙

6.1.2.4 설계방법

(1) 막-케이블 구조 : ASD(허용응력설계법)
※ 이 예제에서는 막과 케이블의 설계만 다루었으며, 철골구조물은 강체(Rigid Body)로 가정한다.

6.1.3. 재료특성

6.1.3.1 사용재료

구분	사용재료
막재	500μm ETFE 필름
케이블	와이어로프 (6×7 FC B종 9mm)

6.1.3.2 막재

(1) 500μm ETFE 필름

(가) 재료특성

인장탄성계수	전단탄성계수	포아송비	자중
600 N/mm^2	207 N/mm^2	0.45	8.6 N/m^2

※ ETFE 필름의 재료특성은 해당 물성치(제조사 등에 따라)를 확인하여 사용한다.

(나) 막재 허용응력

(단위 : N/mm²)

제1기준강도 (F_1)	장기 (적설시 외) ($F_1/2$)	단기 (적설시) ($4.5F_1/5$)	단기 (적설시 외) (F_1)
15.00 (7.50)	7.50 (3.75)	13.50 (6.75)	15.00 (7.50)

※ 괄호는 두께에 따른 단위 폭당 환산치 (단위: kN/m)

※ ETFE 필름의 제1기준강도는 해당 물성치(제조사 등에 따라)를 확인하여 사용한다.

※ 막재의 허용응력은 지침서의 "3.4.3 ETFE 필름 막재의 허용 인장응력 및 인장강도"를 따른다.

(다) 정착부 허용응력

(단위 : N/mm²)

인장응력도 (F_{fj})	장기 (적설시 외) ($F_{fj}/3$)	단기 (적설시) ($1.8F_{fj}/3$)	단기 (적설시 외) ($2F_{fj}/3$)
25.00 (12.50)	8.33 (4.17)	15.00 (7.50)	16.67 (8.33)

※ 괄호는 두께에 따른 단위 폭당 환산치 (단위: kN/m)

※ 정착부의 인장응력은 실제 정착부 상황에 따른 실험값을 사용한다.

※ 정착부의 허용응력은 지침서의 "3.4.4 ETFE 필름 정착부의 허용인장응력"을 따른다.

6.1.3.3 케이블

(1) 와이어로프 (6×7 FC B종 9mm)

(가) 재료특성

단면적	탄성계수	자중
37.5 mm²	88,300 N/mm²	2.94 N/m

(나) 허용인장력

(단위 : kN)

파단하중 (F_p)	장기 ($F_p/3$)	단기 ($1.33F_p/3$)
52.6	17.5	23.3

※ 케이블의 허용인장력은「KDS 41 70 01」또는 지침서의 "3.4.5 케이블의 허용인장력"을 따른다.

6.1.4. 설계하중

6.1.4.1 고정하중(D)

구분	고정하중	비고
500μm ETFE 필름	8.6 N/m²	
와이어로프 (6×7 FC B종 9mm)	2.94 N/m	

※ 고정하중은 막, 케이블, 프레임 등의 자중을 고려한다.

6.1.4.2 초기하중

(1) 초기인장력(T_i)

구분	초기인장력	비고
500μm ETFE 필름	1.5 kN/m	
와이어로프 (6×7 FC B종 9mm)	3.4 kN	

※ 초기인장력은 막 구조물의 형상을 결정하며, 외력(적설하중, 풍하중 등)이 작용하여도 막과 케이블이 인장력을 잃지 않도록 적절한 값을 사용한다.

6.1.4.3 활하중(L)

- 없음

6.1.4.4 적설하중(S)

구분		적용기준	비고
기본지상적설하중(S_g)		0.5 kN/m²	서울
기본지붕적설하중계수(C_b)		0.7	
노출계수(C_e)		1.1	
온도계수(C_t)		1.2	비난방구조물
중요도계수(I_s)		1.0	중요도 2
평지붕적설하중(S_f) (S_1 – 그림2)		0.5 kN/m²	$S_f = C_b \cdot C_e \cdot C_t \cdot I_s \cdot S_g \geq I_s \cdot S_g$
지붕경사도계수(C_s)		1.0	난방이 되지 않는 지붕
경사지붕적설하중(S_s)		0.46 kN/m²	$S_s = C_s \cdot S_f$
곡면지붕 불균형 적설하중 (S_2 – 그림3)	풍상측	0 kN/m²	
	풍하측 정점	0.23 kN/m²	$0.5S_s$
	풍하측 처마	0.84 kN/m²	$2S_s/C_e$
연속지붕 불균형 적설하중 (S_3 – 그림4)	지붕마루	0.25 kN/m²	$0.5S_f$
	지붕골	1.36 kN/m²	$3S_f/C_e \leq 0.43S_g+2.2 \leq 4.7$

※ 적설하중은「KDS 41 10 15」에 따라 산정한다.

적설하중 분포도

균형 적설하중
(경사지붕)
(S_1)

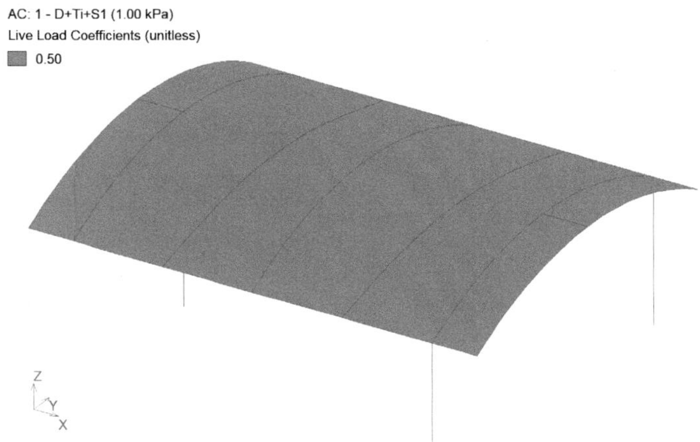

그림6. Load Case : S_1 (kN/m^2)

불균형 적설하중
(곡면지붕)
(S_2)

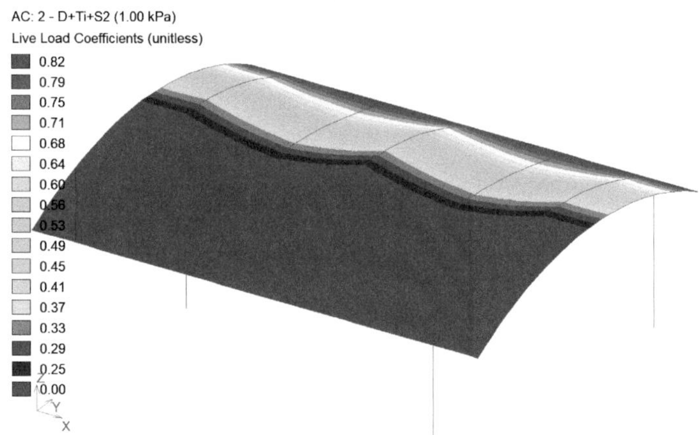

그림7. Load Case : S_2 (kN/m^2)

불균형 적설하중
(연속지붕)
(S_3)

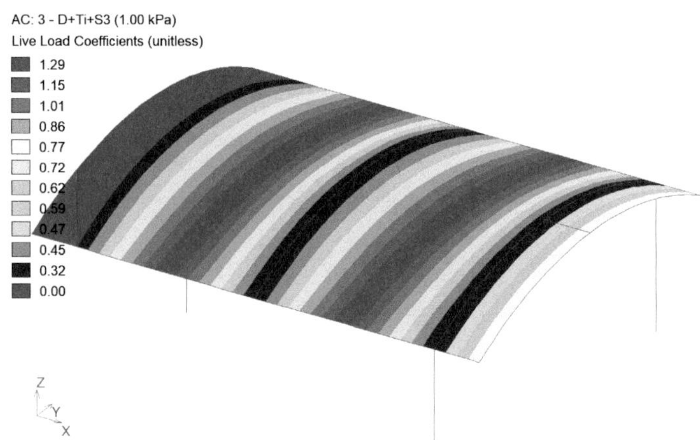

그림8. Load Case : S_3 (kN/m^2)

6.1.4.4 풍하중(W)

구분				적용기준	비고
기본풍속(V_0)				26 m/s	서울
지표면조도구분				B	
풍속고도분포계수(K_{zr})				0.81	
지형계수(K_{zt})				1.0	
중요도계수(I_w)				0.95	중요도 2
설계풍속(V_z)				20.01 m/s	$V_z = V_0 \cdot K_{zr} \cdot K_{zt} \cdot I_w$
설계속도압(q_H)				0.24 kPa	$q_H = 1/2\rho \cdot V_H^2$
독립경사지붕 피크 순압력계수 (C_N)	정압	$\theta=0°$	R_a	2.78	
		$\theta=0°$	R_b	3.82	
		$\theta=11°$	R_a	2.87	
		$\theta=11°$	R_b	3.91	
	부압	$\theta=0°$	R_a	-3.50	
		$\theta=0°$	R_b	-4.50	
		$\theta=11°$	R_a	-3.56	
		$\theta=11°$	R_b	-4.63	
독립지붕 외장재설계용 설계풍압 (p_C)	하향 (W_1 - 그림5)	$\theta=0°$	R_a	0.67 kN/m²	$p_C = q_H \cdot C_N$
		$\theta=0°$	R_b	0.92 kN/m²	
		$\theta=11°$	R_a	0.69 kN/m²	
		$\theta=11°$	R_b	0.94 kN/m²	
	상향 (W_2 - 그림6)	$\theta=0°$	R_a	-0.84 kN/m²	
		$\theta=0°$	R_b	-1.08 kN/m²	
		$\theta=11°$	R_a	-0.85 kN/m²	
		$\theta=11°$	R_b	-1.11 kN/m²	

※ *풍하중은「KDS 41 10 15」에 따르거나, 풍동실험 또는 동등 이상의 수치해석을 통해 산정한다.*

<table>
<tr><th colspan="2">풍하중 분포도</th></tr>
<tr><td>외장재용
하향 풍하중
(W_1)</td><td>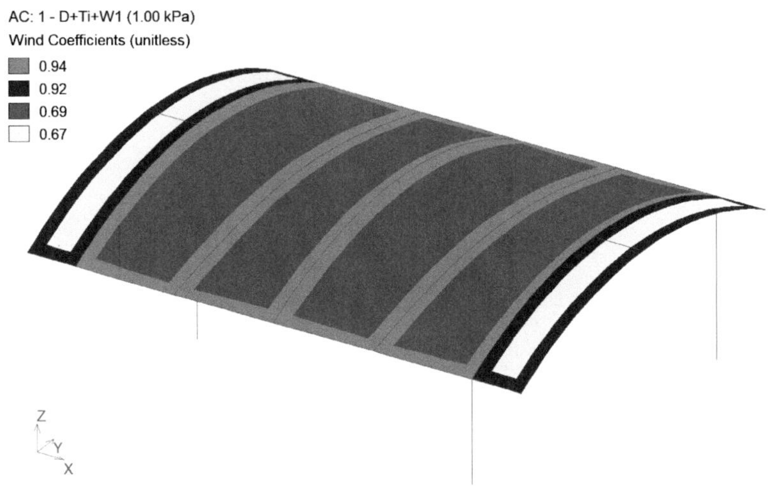

그림9. Load Case : W_1 (kN/m^2)</td></tr>
<tr><td>외장재용
상향 풍하중
(W_2)</td><td>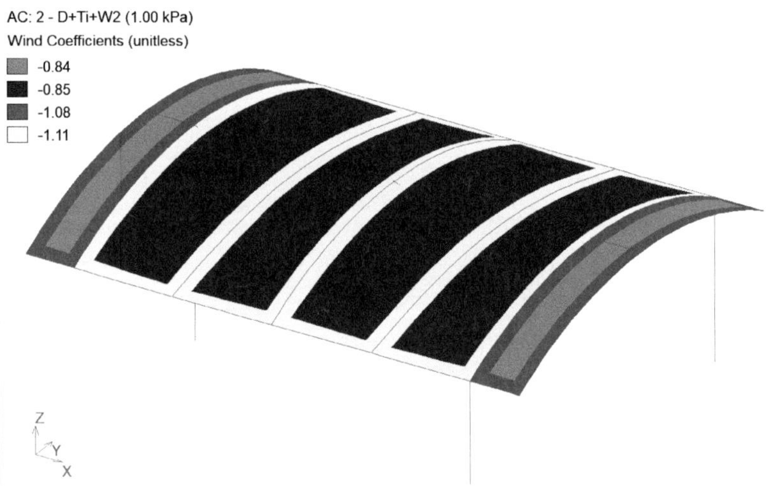

그림10. Load Case : W_2 (kN/m^2)</td></tr>
</table>

※ 양수는 정압, 음수는 부압

6.1.4.5 하중조합

구분			하중조합	하중케이스	비고
장기하중	상시		$D+T_i$	CASE1	
단기하중	적설시	균형	$D+T_i+S_1$	CASE2	
		불균형1	$D+T_i+S_2$	CASE3	
		불균형2	$D+T_i+S_3$	CASE4	
	폭풍시	하향	$D+T_i+W_1$	CASE5	
		상향	$D+T_i+W_2$	CASE6	
		하향	$D+T_i+0.5W_1$	CASE7	막재 변위 평가용
		상향	$D+T_i+0.5W_2$	CASE8	

※ 하중조합은 「KDS 41 70 01」 또는 지침서의 "3.2 하중조합"을 따라 결정한다.

6.1.5. 구조해석

6.1.5.1 해석개요

사용 소프트웨어	NDN (막/케이블 구조물 전용 해석 프로그램)
해석 순서	형상해석 → 응력-변형도해석

6.1.5.2 형상해석

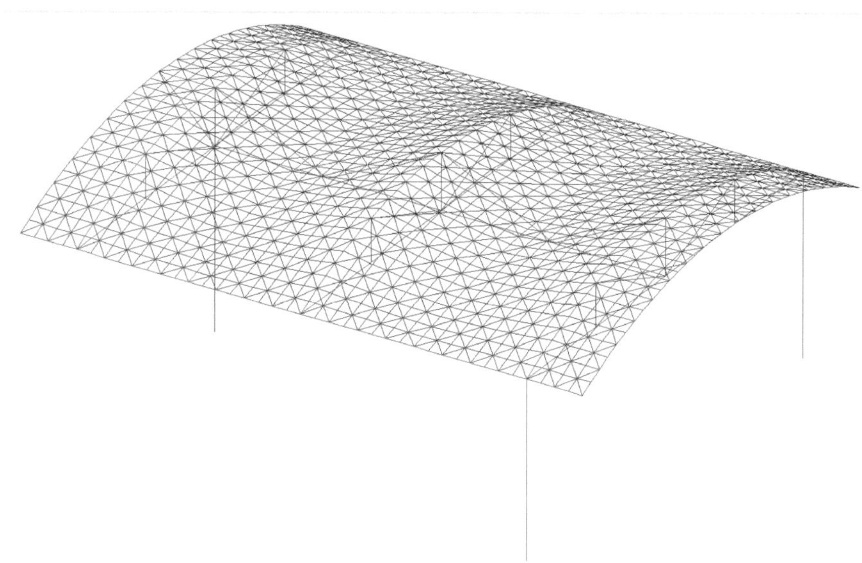

그림 11. 형상해석 후 모델

※ 형상해석은 자중과 초기하중(초기인장력)만 작용한 상태에서 이루어진다.

6.1.5.3 응력-변형도해석

※ 응력-변형도해석은 모든 하중조합에 대하여 수행한다.

(1) 막재 최대응력

(단위 : kN/m)

하중조합			500㎛ ETFE 필름		비고
			막재	정착부	
장기하중	상시	CASE1	1.52	1.52	그림12
단기하중	적설시	CASE2	3.46	3.46	그림13
		CASE3	4.03	4.03	그림14
		CASE4	5.25	5.25	그림15
	폭풍시	CASE5	4.59	4.59	그림16
		CASE6	5.35	4.57	그림17

※ '막재'는 모든 막재부위이며, '정착부'는 막재가 프레임 또는 케이블에 정착한 부분이다.

(2) 케이블 최대인장력

(단위 : kN)

하중조합			6×7 FC B종 9mm	비고
장기하중	상시	CASE1	3.3	그림18
단기하중	적설시	CASE2	1.1	그림19
		CASE3	2.7	그림20
		CASE4	1.7	그림21
	폭풍시	CASE5	1.7	그림22
		CASE6	17.9	그림23

(3) 막재 최대변위

(단위 : mm)

하중조합			500㎛ ETFE 필름		비고
			골조막구조	케이블막구조	
단기하중	적설시	CASE2	22 (1/45)	48 (1/42)	그림25
		CASE3	26 (1/39)	51 (1/39)	그림26
		CASE4	24 (1/42)	68 (1/30)	그림27
	폭풍시	CASE7	18 (1/56)	40 (1/50)	그림28
		CASE8	26 (1/38)	79 (1/26)	그림29

※ 최대변위 = 절점변위 - 지점변위 ((변위량/지점간거리)가 최대인 지점의 변위)
※ 괄호는 변위량/지점간거리

※ 막재 변위 평가를 위한 최대변위는 지점에 대한 막재의 상대적인 변위를 의미한다.

6.1.6. 구조설계

6.1.6.1 허용응력 평가

(1) 500㎛ ETFE 필름

(가) 막재 허용응력

(단위 : kN/m)

하중조합			최대응력	허용응력	평가
장기하중	상시	CASE1	1.52	3.75	40.5% (O.K.)
단기하중	적설시	CASE2	3.46	6.75	51.3% (O.K.)
		CASE3	4.03	6.75	59.7% (O.K.)
		CASE4	5.25	6.75	77.8% (O.K.)
	폭풍시	CASE5	4.59	7.50	61.2% (O.K.)
		CASE6	5.35	7.50	71.3% (O.K.)

※ 막재의 허용응력은 지침서의 "3.4.3 ETFE 필름 막재의 허용 인장응력 및 인장강도"를 따른다.

(나) 정착부 허용응력

(단위 : kN/m)

하중조합			최대응력	허용응력	평가
장기하중	상시	CASE1	1.52	4.17	36.5% (O.K.)
단기하중	적설시	CASE2	3.46	7.50	46.1% (O.K.)
		CASE3	4.03	7.50	53.7% (O.K.)
		CASE4	5.25	7.50	70.0% (O.K.)
	폭풍시	CASE5	4.59	8.33	55.1% (O.K.)
		CASE6	5.35	8.33	64.2% (O.K.)

※ 정착부의 허용응력은 지침서의 "3.4.4 ETFE 필름 정착부의 허용인장응력"을 따른다.

(2) 와이어로프 (6×7 FC B종 9mm)

(단위 : kN)

하중조합			최대인장력	허용인장력	평가
장기하중	상시	CASE1	3.3	17.5	18.9% (O.K.)
단기하중	적설시	CASE2	1.1	23.3	4.7% (O.K.)
		CASE3	2.7	23.3	11.6% (O.K.)
		CASE4	1.7	23.3	7.3% (O.K.)
	폭풍시	CASE5	1.7	23.3	7.3% (O.K.)
		CASE6	17.9	23.3	76.8% (O.K.)

※ 케이블의 허용인장력은 「KDS 41 70 01」 또는 지침서의 "3.4.5 케이블의 허용인장력"을 따른다.

6.1.6.2 변위 평가

※ 막재의 변위제한은「KDS 41 70 01」또는 지침서의 "3.4.2 변위제한"을 따른다.

(1) 500㎛ ETFE 필름

(가) 골조막구조

하중조합			최대변위량 / 지점간거리	변위제한	평가
단기하중	적설시	CASE2	1/45	1/15	O.K.
		CASE3	1/39	1/15	O.K.
		CASE4	1/42	1/15	O.K.
	폭풍시	CASE7	1/56	1/20	O.K.
		CASE8	1/38	1/20	O.K.

(나) 케이블막구조

하중조합			최대변위량 / 지점간거리	변위제한	평가
단기하중	적설시	CASE2	1/42	1/10	O.K.
		CASE3	1/39	1/10	O.K.
		CASE4	1/30	1/10	O.K.
	폭풍시	CASE7	1/50	1/10	O.K.
		CASE8	1/26	1/10	O.K.

Appendix. 해석자료

A.1 응력도

(1) 막재

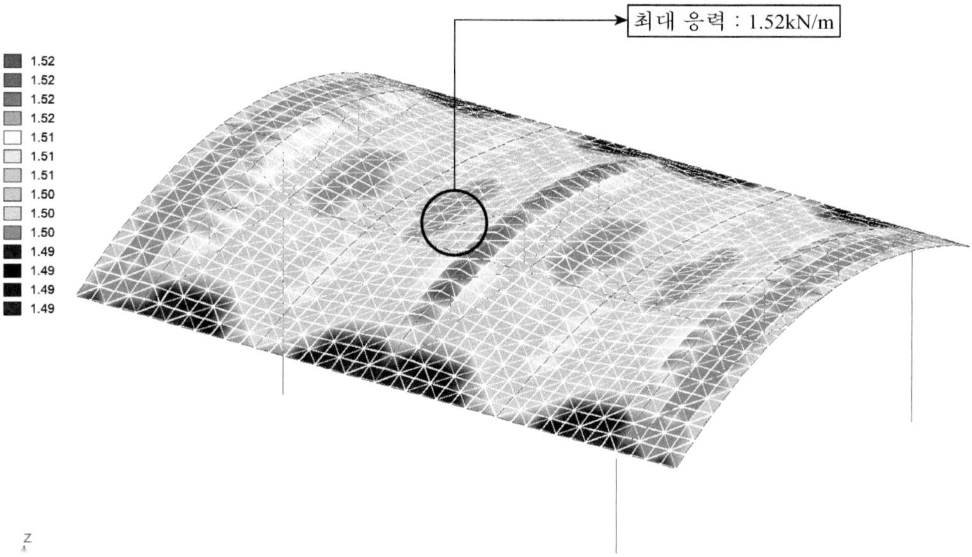

그림12. 막 응력(kN/m) : CASE1 ($D+T_i$)

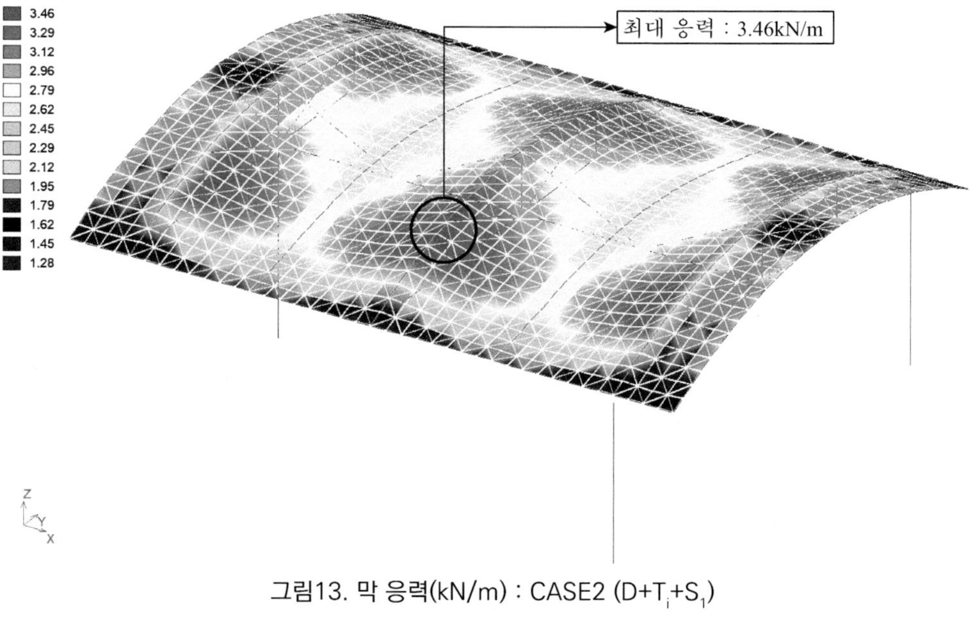

그림13. 막 응력(kN/m) : CASE2 ($D+T_i+S_1$)

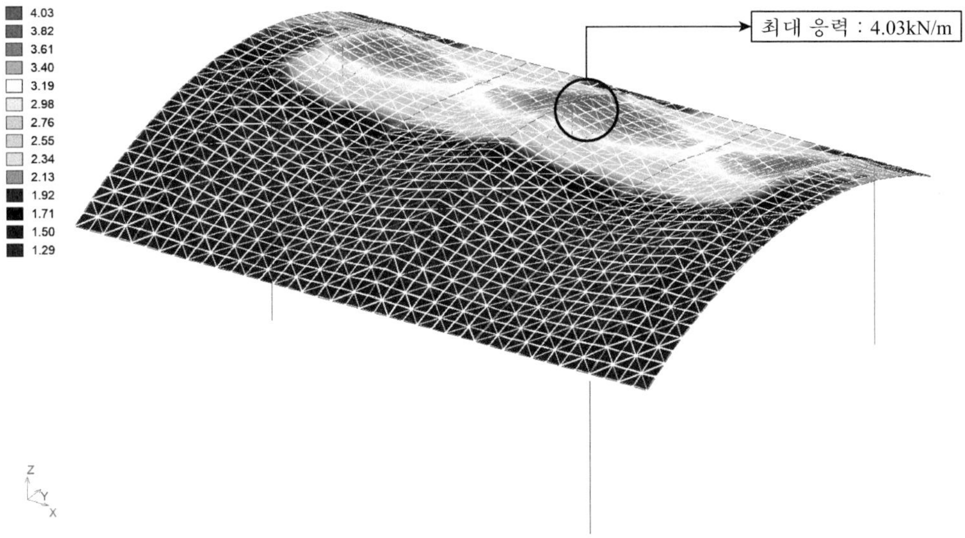

그림14. 막 응력(kN/m) : CASE3 (D+T_i+S_2)

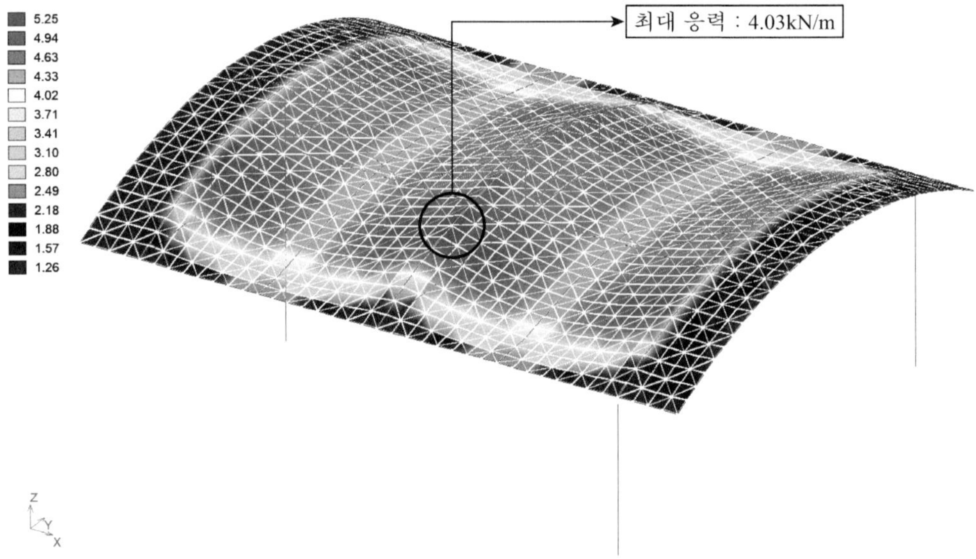

그림15. 막 응력(kN/m) : CASE4 (D+T_i+S_3)

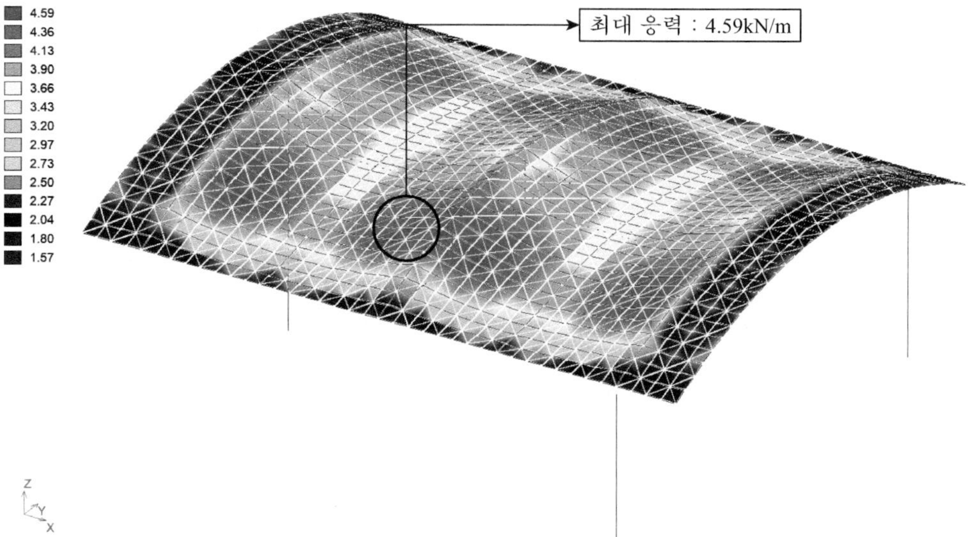

그림16. 막 응력(kN/m) : CASE5 ($D+T_i+W_1$)

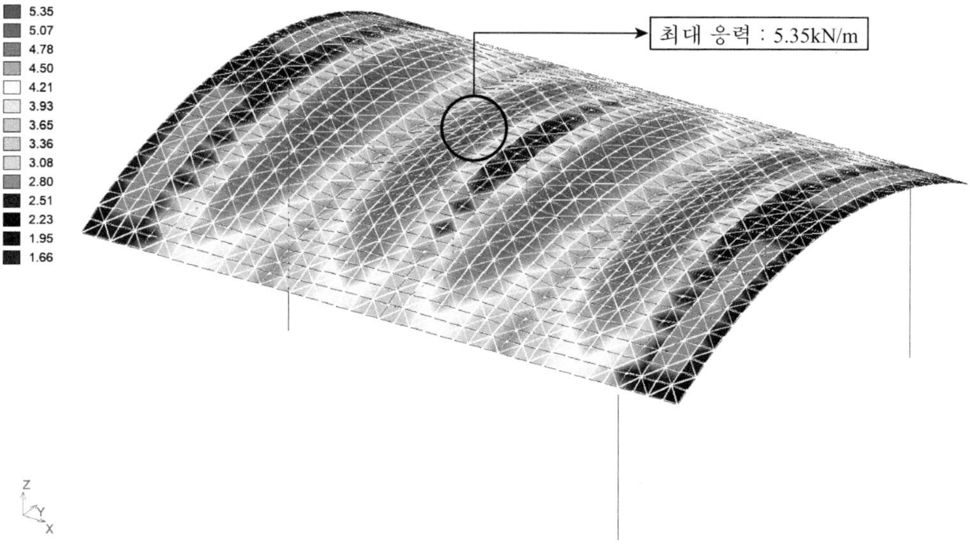

그림17. 막 응력(kN/m) : CASE6 ($D+T_i+W_2$)

(2) 케이블

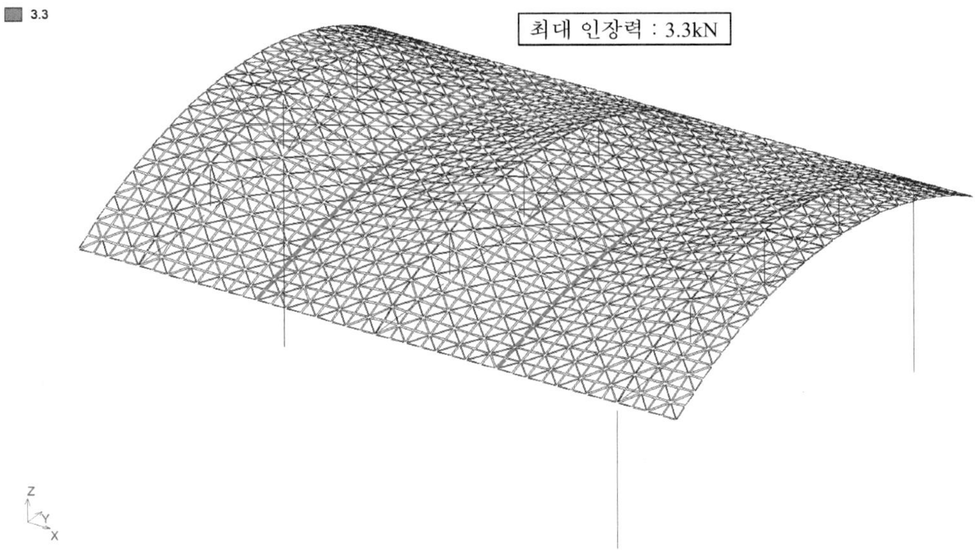

그림18. 케이블 인장력(kN) : CASE1 (D+T_i)

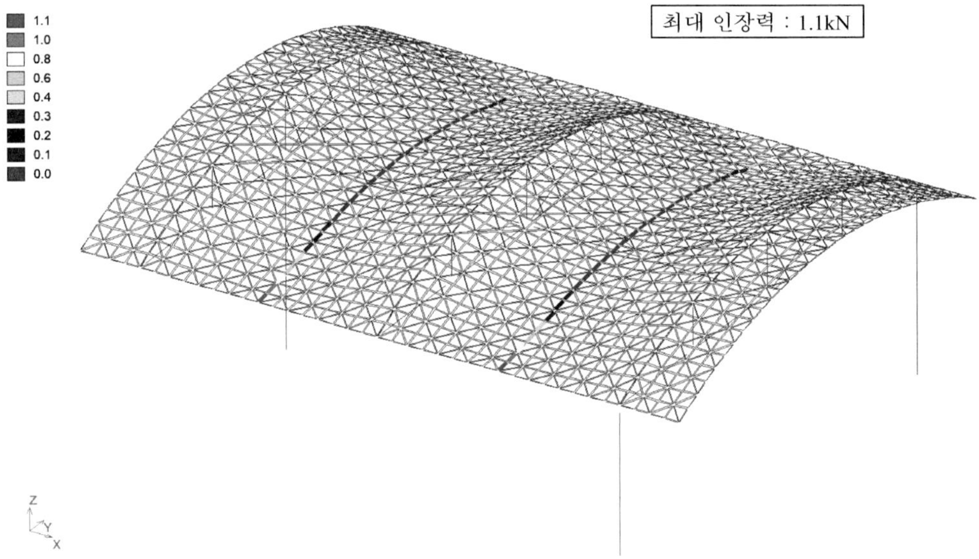

그림19. 케이블 인장력(kN) : CASE2 (D+T_i+S_1)

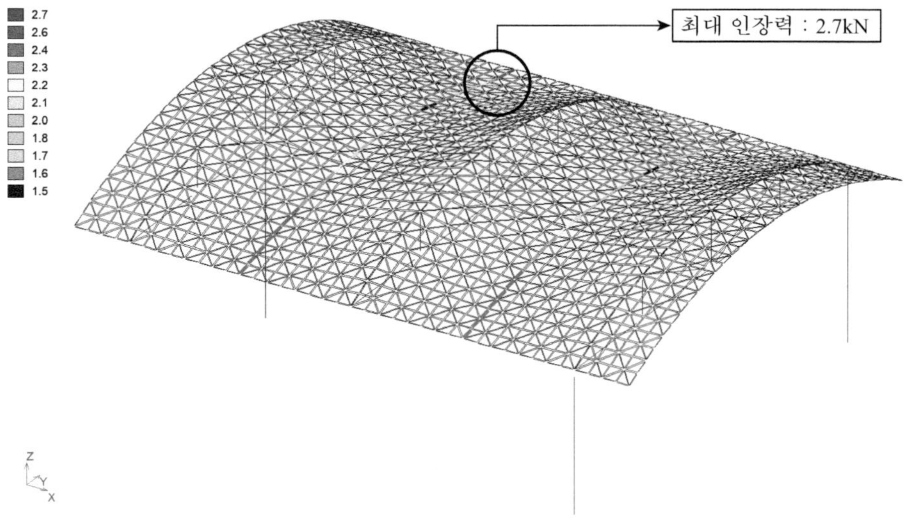

그림20. 케이블 인장력(kN) : CASE3 ($D+T_i+S_2$)

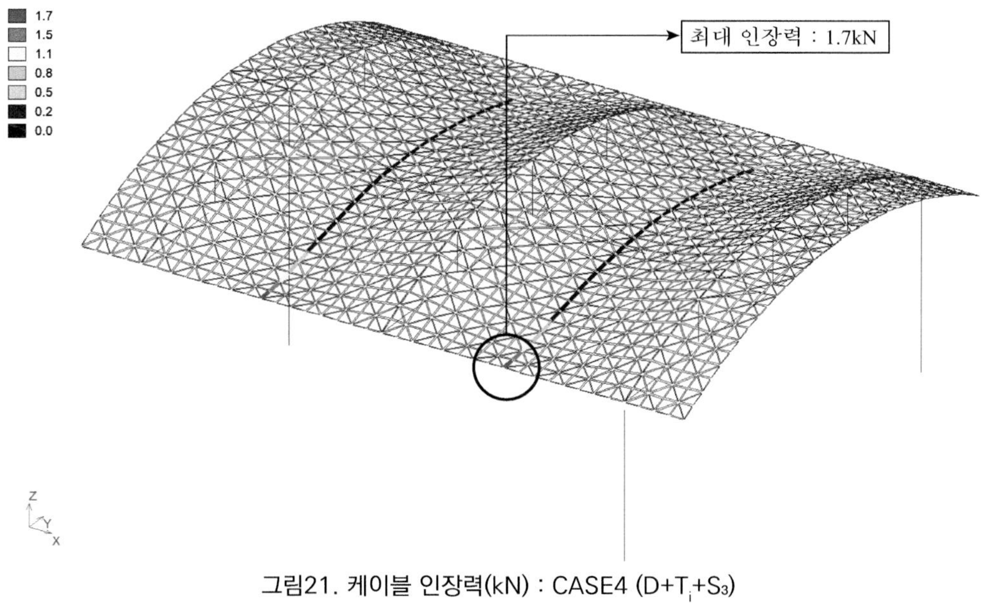

그림21. 케이블 인장력(kN) : CASE4 ($D+T_i+S_3$)

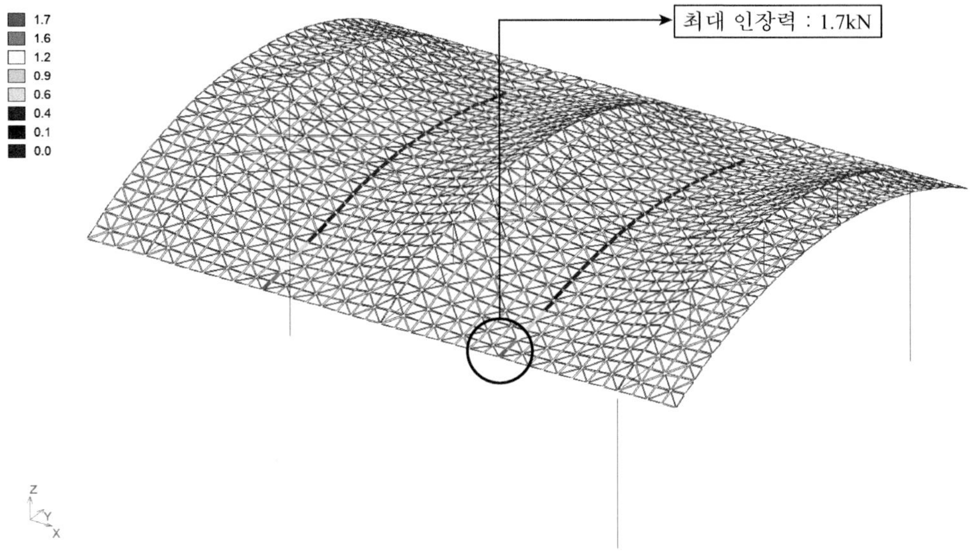

그림22. 케이블 인장력(kN) : CASE5 ($D+T_i+W_1$)

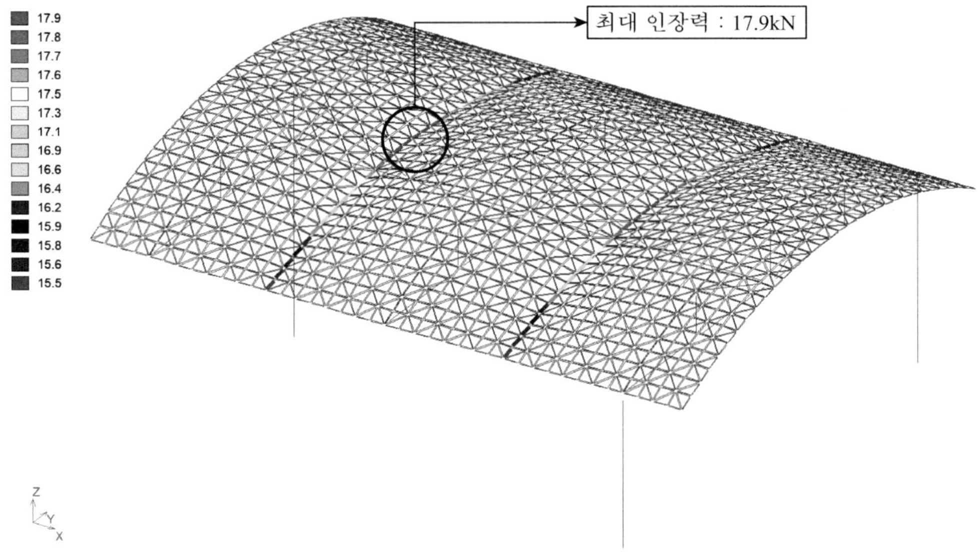

그림23. 케이블 인장력(kN) : CASE6 ($D+T_i+W_2$)

A.2 변형도

(1) 막재

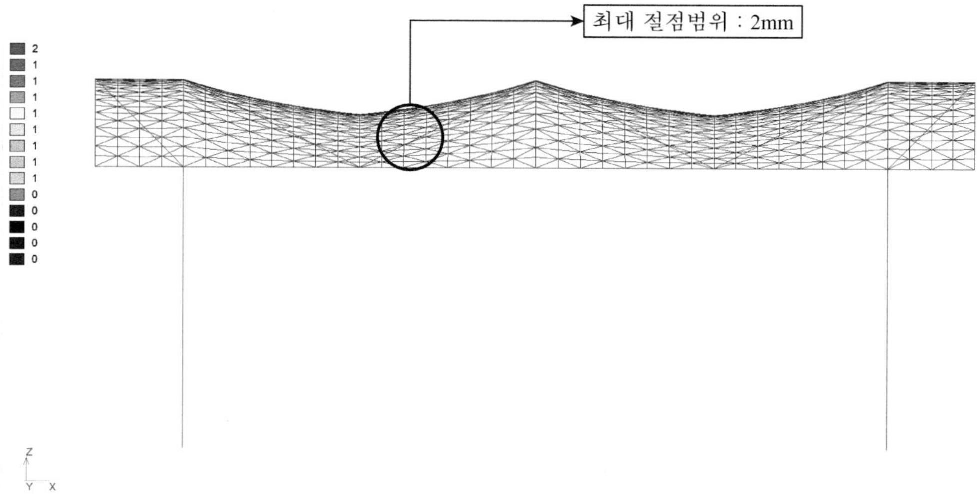

그림24. 막 변위(mm) : CASE1 (D+T_i)

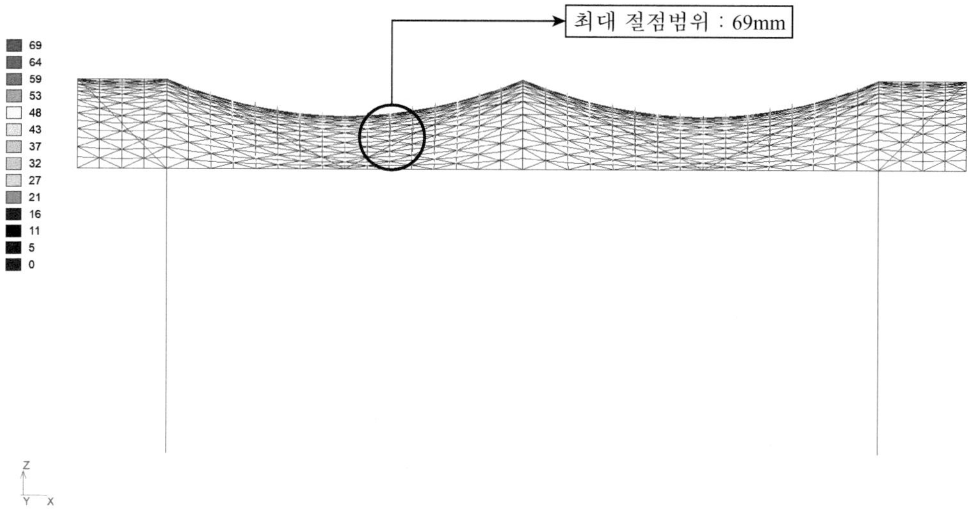

그림25. 막 변위(mm) : CASE2 (D+T_i+S_1)

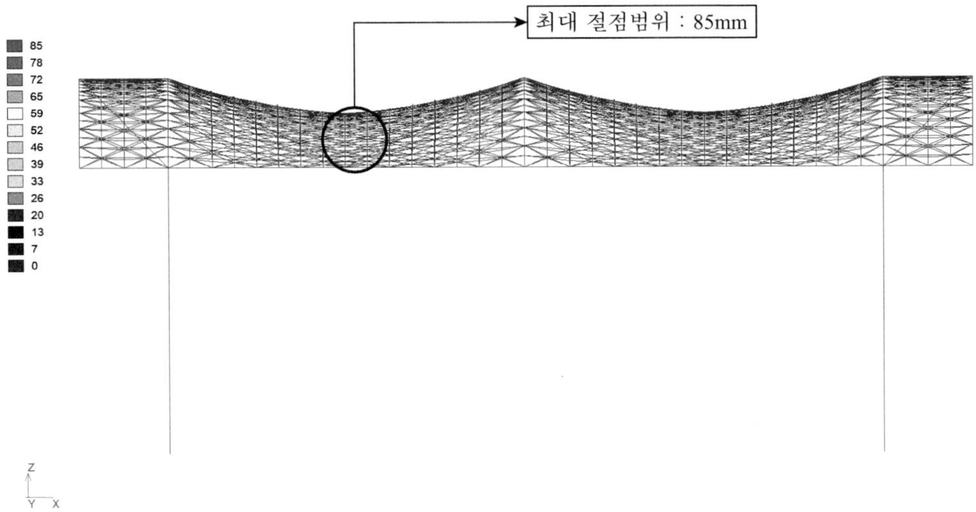

그림26. 막 변위(mm) : CASE3 (D+T_i+S_2)

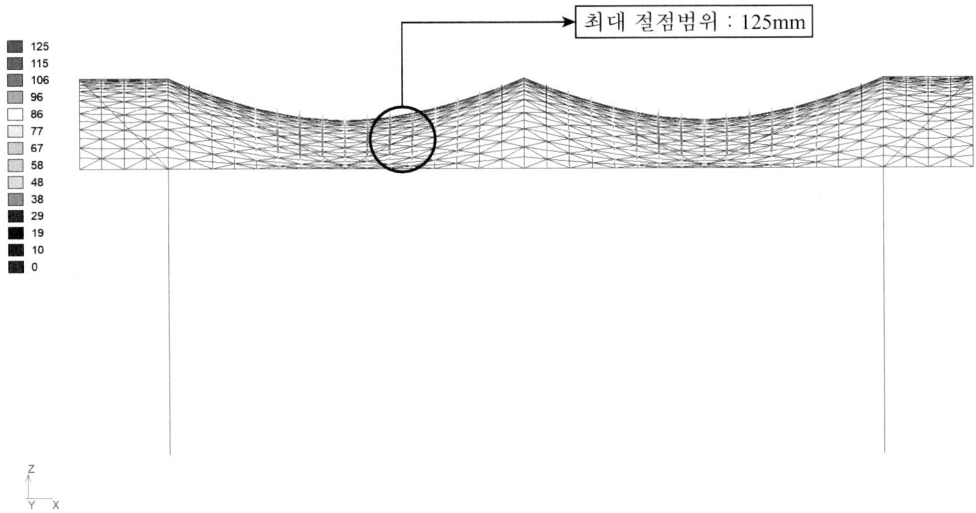

그림27. 막 변위(mm) : CASE4 (D+T_i+S_3)

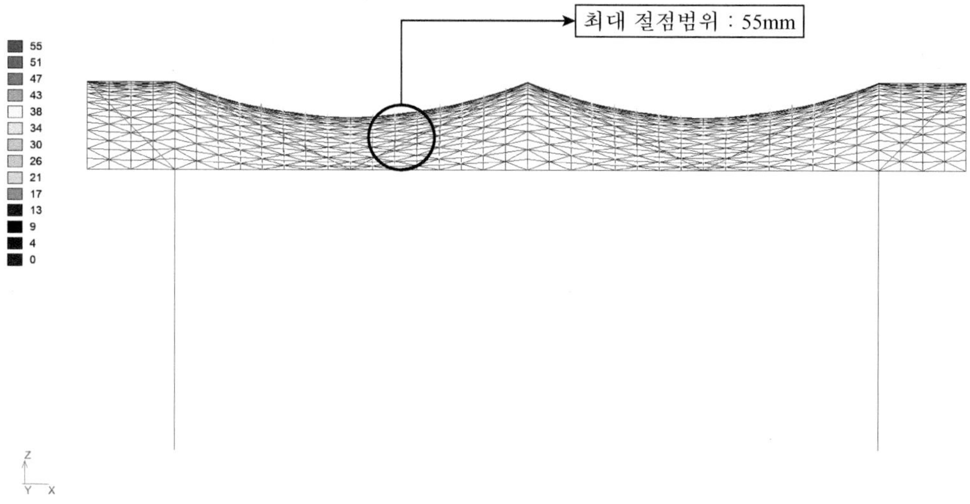

그림28. 막 변위(mm) : CASE7 ($D+T_i+0.5W_1$)

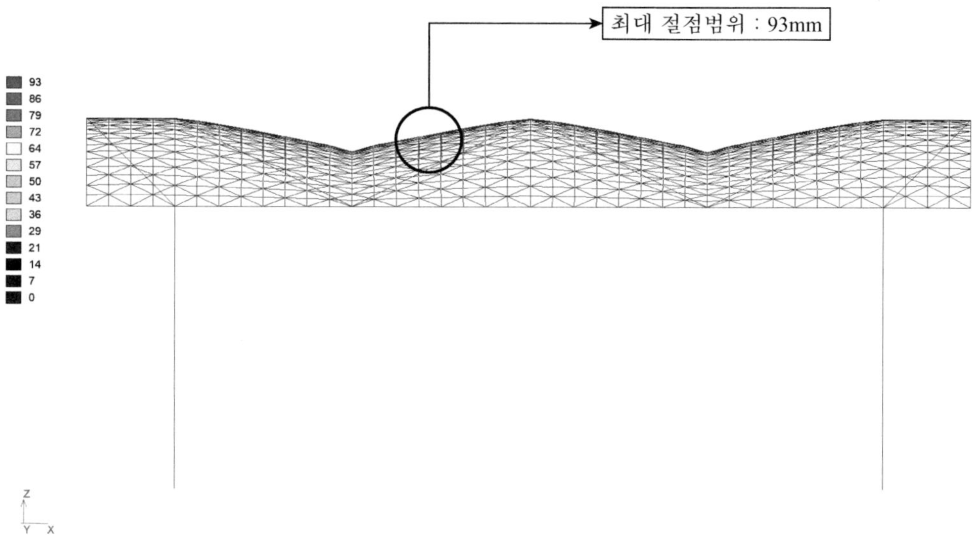

그림29. 막 변위(mm) : CASE8 ($D+T_i+0.5W_2$)

6.2 쿠션방식 ETFE 막구조물 설계 예제

6.2.1. 개요

6.2.1.1 구조물 개요

위치	서울시
규모	길이 : 20.0 m 폭 : 16.5 m 높이 : 8.0 m
구조형식	철골 구조, 막 구조(ETFE 필름, 쿠션방식)
용도	체육시설

6.2.1.2 구조물 형상

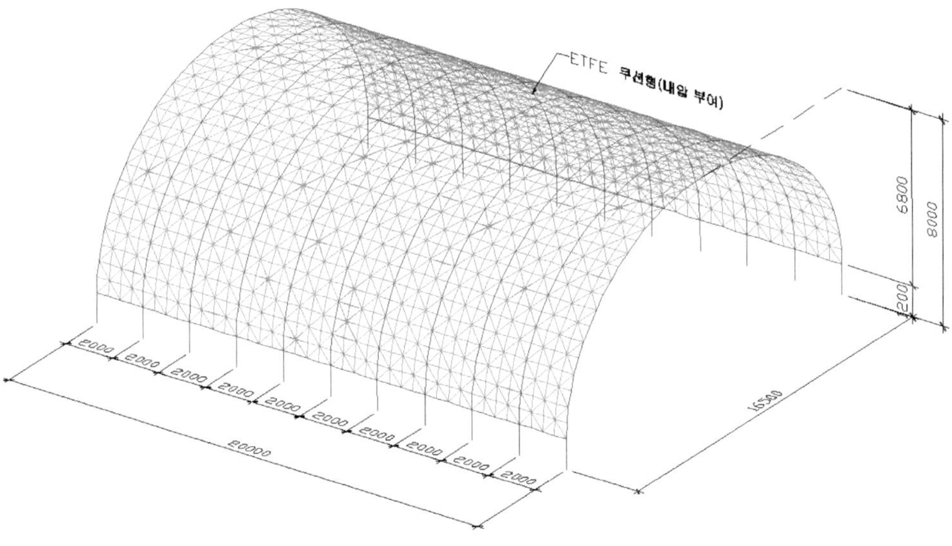

그림1. 3D 모델링 형상 및 치수(mm)

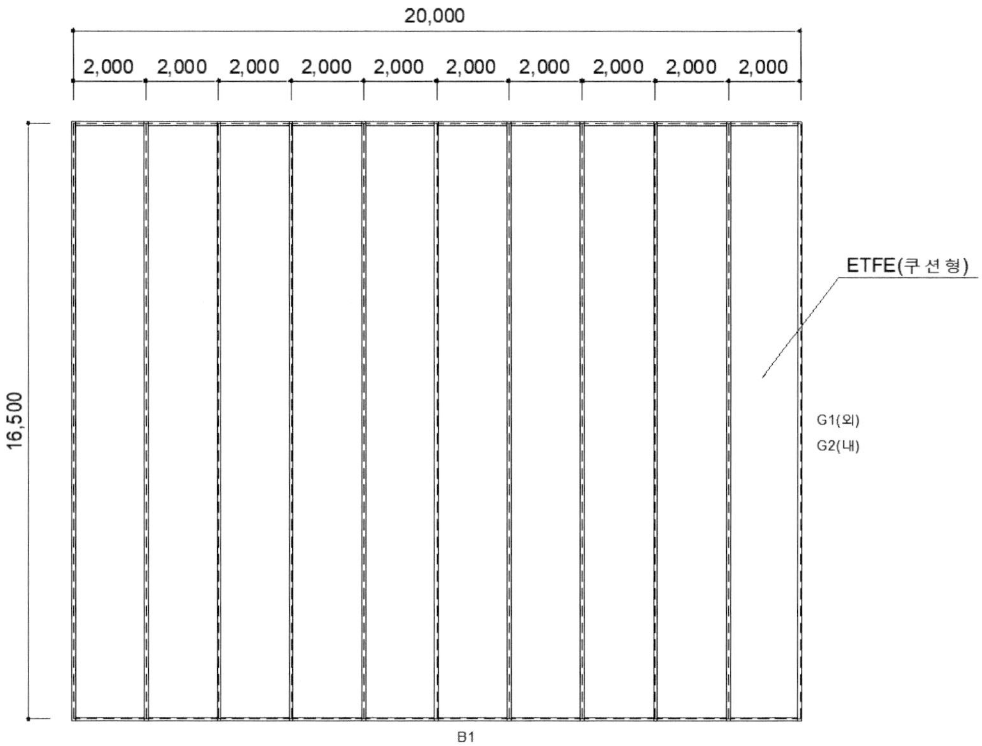

그림2. 평면도(mm)

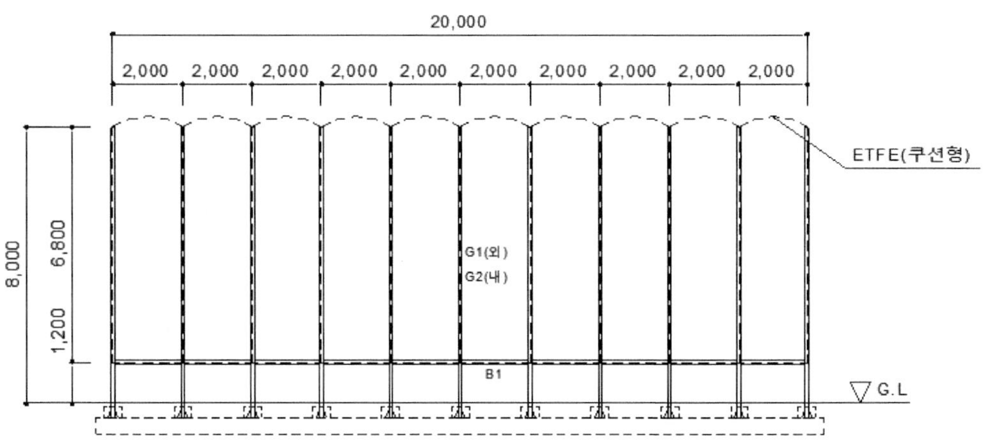

그림3. 입면도(mm)

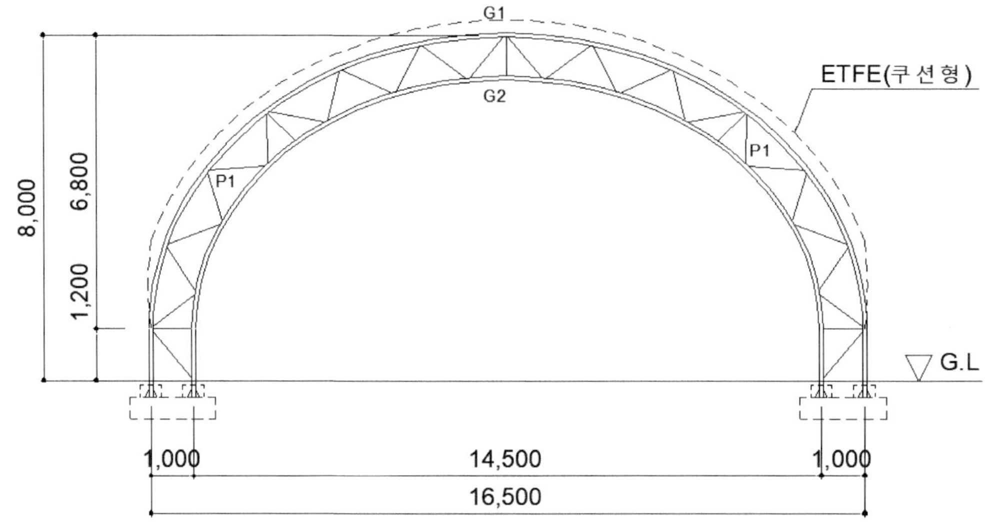

그림4. 단면도(mm)

6.2.2. 설계기준

6.2.2.1 적용기준

(1) KDS 41 10 15 건축구조기준 설계하중 (2019, 국토교통부)
(2) KDS 41 70 01 막과 케이블 구조 (2016, 국토교통부)

6.2.2.2 참고자료

(1) ETFE 필름 막구조 설계 지침 및 해설 (2022, 한국공간구조학회)
(2) 막구조의 건축물, 막재료 등의 기술 기준 및 동해설 (2020, 일본)

6.2.2.3 적용규칙

(1) 건축법 시행규칙
(2) 건축물의 구조기준 등에 관한 규칙

6.2.2.4 설계방법

(1) 막 구조 : ASD(허용응력설계법)
※ 이 예제에서는 막의 설계만 다루었으며, 철골구조물은 강체(Rigid Body)로 가정한다.

6.2.3. 재료특성

6.2.3.1 사용재료

구분	사용재료
내/외측 막재	250μm ETFE 필름

6.2.3.2 막재

(1) 250μm ETFE 필름

(가) 재료특성

인장탄성계수	전단탄성계수	포아송비	자중
600 N/mm^2	207 N/mm^2	0.45	4.3 N/m^2

※ ETFE 필름의 재료특성은 해당 물성치(제조사 등에 따라)를 확인하여 사용한다.

(나) 막재 허용응력

(단위 : N/mm^2)

제1기준강도 (F_1)	장기 (적설시 외) ($F_1/2$)	단기 (적설시) ($4.5F_1/5$)	단기 (적설시 외) (F_1)	단기 (폭풍시) ($6F_1/5$)
15.00 (3.75)	7.50 (1.88)	13.50 (3.38)	15.00 (3.75)	18.00 (4.50)

※ 괄호는 두께에 따른 단위 폭당 환산치 (단위: kN/m)

※ ETFE 필름의 제1기준강도는 해당 물성치(제조사 등에 따라)를 확인하여 사용한다.

※ 막재의 허용응력은 지침서의 "3.4.3 ETFE 필름 막재의 허용 인장응력 및 인장강도"를 따른다.

(다) 정착부 허용응력

(단위 : N/mm^2)

인장응력도 (F_{fj})	장기 (적설시 외) ($F_{fj}/3$)	단기 (적설시) ($1.8F_{fj}/3$)	단기 (적설시 외) ($2F_{fj}/3$)
25.00 (6.25)	8.33 (2.08)	15.00 (3.75)	16.67 (4.17)

※ 괄호는 두께에 따른 단위 폭당 환산치 (단위: kN/m)

※ 정착부의 인장응력은 실제 정착부 상황에 따른 실험값을 사용한다.

※ 정착부의 허용응력은 지침서의 "3.4.4 ETFE 필름 정착부의 허용인장응력"을 따른다.

6.2.4. 설계하중

6.2.4.1 고정하중(D)

구분	고정하중	비고
250μm ETFE 필름	4.3 N/m²	

※ 고정하중은 막, 프레임 등의 자중을 고려한다.

6.2.4.2 초기하중

(1) 초기인장력(T_i)

구분	초기인장력	비고
250μm ETFE 필름	0.6 kN/m	

(2) 내부압력(P_i)

구분	초기인장력	비고
상시(P_{i1})	300 Pa	
적설시(P_{i2})	650 Pa	적설시 내압상승

※ 초기인장력과 내부압력은 막 구조물의 형상을 결정하며, 외력(적설하중, 풍하중 등)이 작용하여도 막이 인장력을 잃지 않도록 적절한 값을 사용한다.

6.2.4.3 활하중(L)

- 없음

6.2.4.4 적설하중(S)

<table>
<tr><th colspan="2">구분</th><th>적용기준</th><th>비고</th></tr>
<tr><td colspan="2">기본지상적설하중(S_g)</td><td>0.5 kN/m²</td><td>서울</td></tr>
<tr><td colspan="2">기본지붕적설하중계수(C_b)</td><td>0.7</td><td></td></tr>
<tr><td colspan="2">노출계수(C_e)</td><td>1.1</td><td></td></tr>
<tr><td colspan="2">온도계수(C_t)</td><td>1.2</td><td>비난방구조물</td></tr>
<tr><td colspan="2">중요도계수(I_s)</td><td>1.0</td><td>중요도 2</td></tr>
<tr><td colspan="2">평지붕적설하중(S_f)</td><td>0.5 kN/m²</td><td>$S_f = C_b \cdot C_e \cdot C_t \cdot I_s \cdot S_g \geq I_s \cdot S_g$</td></tr>
<tr><td colspan="2">지붕경사도계수(C_s)</td><td>0.0 ~ 1.0</td><td>난방이 되지 않는 지붕
(접선경사에 따라)</td></tr>
<tr><td colspan="2">경사지붕적설하중(S_s)
(S_1 - 그림2)</td><td>0.0 ~ 0.46 kN/m²</td><td>$S_s = C_s \cdot S_f$</td></tr>
<tr><td rowspan="4">곡면지붕
불균형
적설하중
(S_2 - 그림3)</td><td>풍상측</td><td>0 kN/m²</td><td></td></tr>
<tr><td>풍하측 정점</td><td>0.23 kN/m²</td><td>$0.5S_s$</td></tr>
<tr><td>풍하측
30° 지점</td><td>0.84 kN/m²</td><td>$2S_s/C_e$</td></tr>
<tr><td>풍하측
70° 지점</td><td>0 kN/m²</td><td></td></tr>
</table>

※ 적설하중은「KDS 41 10 15」에 따라 산정한다.

<table>
<tr><th colspan="2">적설하중 분포도</th></tr>
<tr><td>균형 적설하중
(경사지붕)
(S_1)</td><td>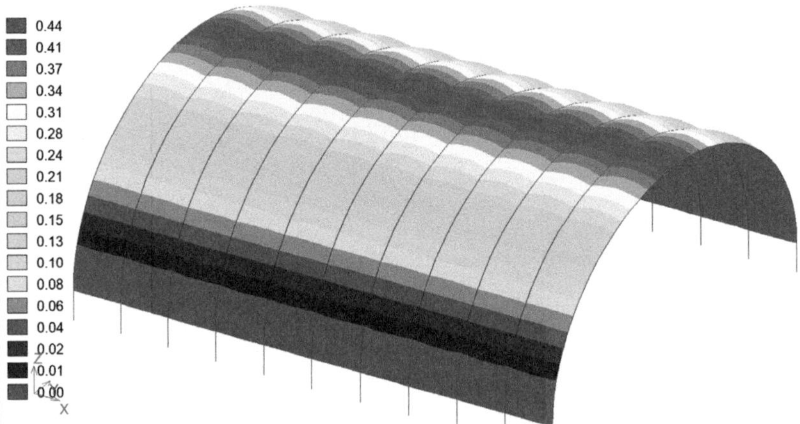

그림5. Load Case : S_1 (kN/m^2)</td></tr>
<tr><td>불균형
적설하중
(곡면지붕)
(S_2)</td><td>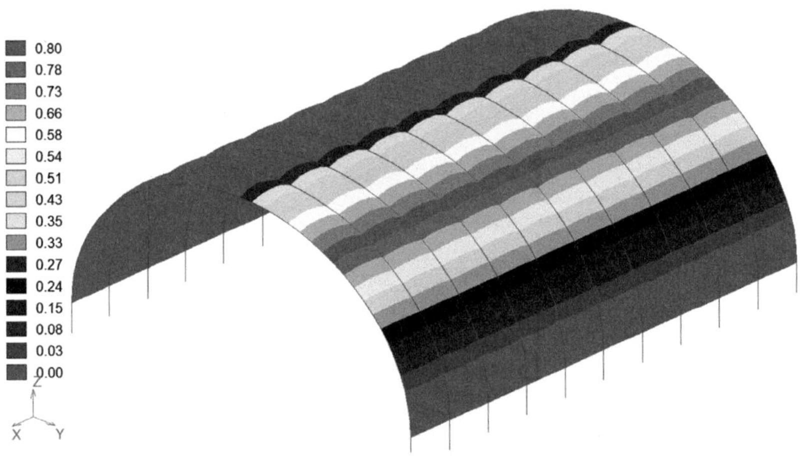

그림6. Load Case : S_2 (kN/m^2)</td></tr>
</table>

6.2.4.5 풍하중(W)

<table>
<tr><th colspan="3">구분</th><th>적용기준</th><th>비고</th></tr>
<tr><td colspan="3">기본풍속(V_0)</td><td>26 m/s</td><td>서울</td></tr>
<tr><td colspan="3">지표면조도구분</td><td>B</td><td></td></tr>
<tr><td colspan="3">풍속고도분포계수(K_{zr})</td><td>0.81</td><td></td></tr>
<tr><td colspan="3">지형계수(K_{zt})</td><td>1.0</td><td></td></tr>
<tr><td colspan="3">중요도계수(I_w)</td><td>0.95</td><td>중요도 2</td></tr>
<tr><td colspan="3">설계풍속(V_z)</td><td>20.01 m/s</td><td>$V_z = V_0 \cdot K_{zr} \cdot K_{zt} \cdot I_w$</td></tr>
<tr><td colspan="3">설계속도압(q_H)</td><td>0.24 kPa</td><td>$q_H = 1/2\rho \cdot VH^2$</td></tr>
<tr><td rowspan="7">아치지붕
피크외압계수
(GC_{pe})</td><td rowspan="3">정압</td><td>R_a</td><td>2.2</td><td rowspan="3"></td></tr>
<tr><td>R_b</td><td>1.9</td></tr>
<tr><td>R_c</td><td>0.8</td></tr>
<tr><td rowspan="4">부압</td><td>R_a</td><td>-1.8</td><td rowspan="4"></td></tr>
<tr><td>R_b</td><td>-2.4</td></tr>
<tr><td>R_c</td><td>-4.3</td></tr>
<tr><td>R_d</td><td>-4.0</td></tr>
<tr><td>피크내압계수
(GC_{pi})</td><td colspan="2">GCpi</td><td>0.0</td><td>개방형 건축물</td></tr>
<tr><td rowspan="7">외장재용
설계풍압
(외압)</td><td rowspan="3">하향
(W_1 -
그림4)</td><td>R_a</td><td>0.53 kN/m²</td><td rowspan="7">$p_{C,ext} = q_H GC_{pe}$</td></tr>
<tr><td>R_b</td><td>0.46 kN/m²</td></tr>
<tr><td>R_c</td><td>0.19 kN/m²</td></tr>
<tr><td rowspan="4">상향
(W_2 -
그림5)</td><td>R_a</td><td>-0.43 kN/m²</td></tr>
<tr><td>R_b</td><td>-0.58 kN/m²</td></tr>
<tr><td>R_c</td><td>-1.03 kN/m²</td></tr>
<tr><td>R_d</td><td>-0.96 kN/m²</td></tr>
<tr><td colspan="3">외장재용 설계풍압 (내압)
($PC_{,int}$)</td><td>0.00 kN/m²</td><td>$p_{C,int} = q_H GC_{pi}$</td></tr>
</table>

※ 풍하중은「KDS 41 10 15」에 따르거나, 풍동실험 또는 동등 이상의 수치해석을 통해 산정한다.

※ 쿠션방식의 경우, 외압은 외측필름에, 내압은 내측필름에 각각 적용한다.

풍하중 분포도

외장재용
하향 풍하중
(W_1)

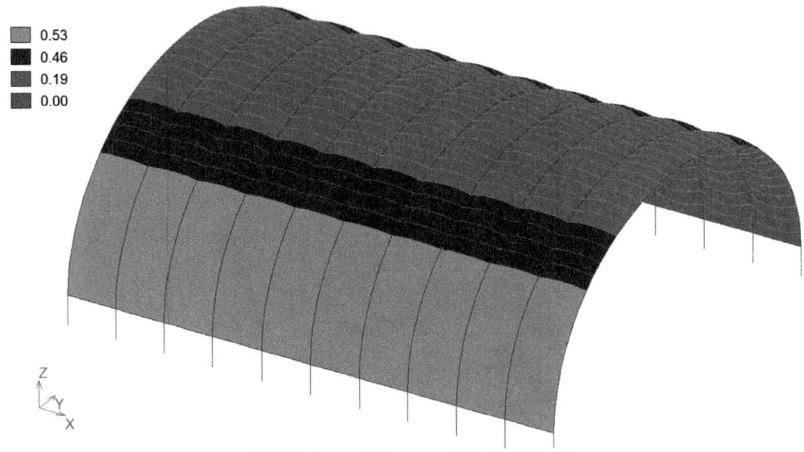

그림7. Load Case : W_1 (kN/m^2)

외장재용
상향 풍하중
(W_2)

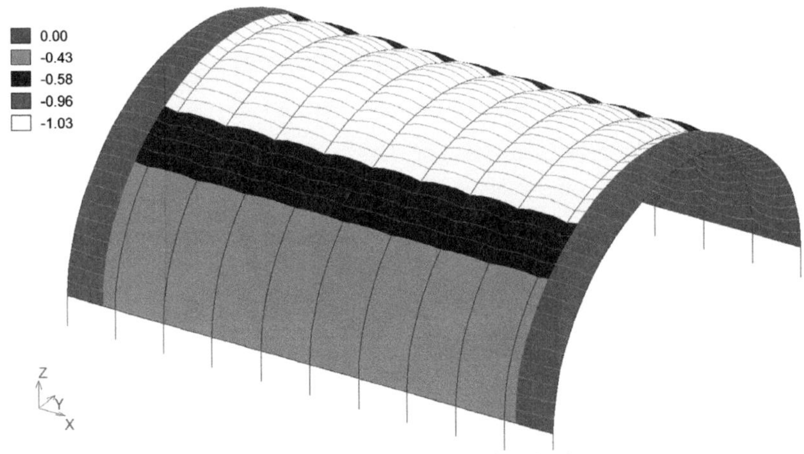

그림8. Load Case : W_2 (kN/m^2)

※ 양수는 정압, 음수는 부압

6.2.4.5 하중조합

구분			하중조합	하중케이스	비고
장기하중	상시		$D+T_i+P_{i1}$	CASE1	
단기하중	내압상승시		$D+T_i+P_{i2}$	CASE2	
	적설시	균형	$D+T_i+P_{i2}+S_1$	CASE3	
		불균형	$D+T_i+P_{i2}+S_2$	CASE4	
	폭풍시	하향	$D+T_i+P_{i1}+W_1$	CASE5	
		상향	$D+T_i+P_{i1}+W_2$	CASE6	
		하향	$D+T_i+P_{i1}+0.5W_1$	CASE7	막재 변위 평가용
		상향	$D+T_i+P_{i1}+0.5W_2$	CASE8	

※ 하중조합은 「KDS 41 70 01」 또는 지침서의 "3.2 하중조합"을 따라 결정한다.

6.2.5. 구조해석

6.2.5.1 해석개요

사용 소프트웨어	NDN (막/케이블 구조물 전용 해석 프로그램)
해석 순서	형상해석 → 응력-변형도해석

6.2.5.2 형상해석

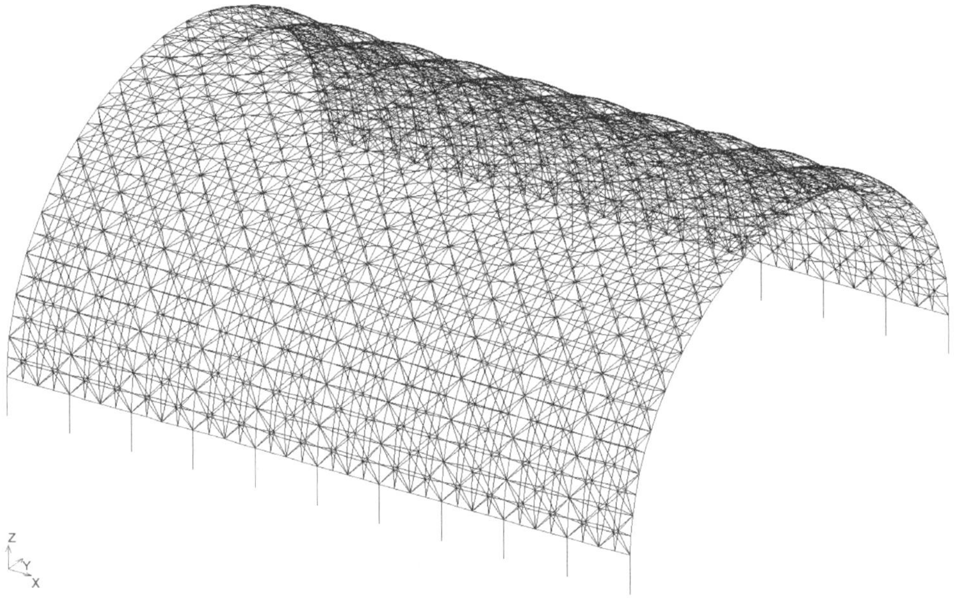

그림9. 형상해석 후 모델

※ *형상해석은 자중과 초기하중(초기인장력, 내부압력)만 작용한 상태에서 이루어진다.*

6.2.5.3 응력-변형도해석

※ 응력-변형도해석은 모든 하중조합에 대하여 수행한다.

(1) 막재 최대응력

(단위 : kN/m)

하중조합			250μm ETFE 필름				비고
			외측		내측		
			막재	정착부	막재	정착부	
장기하중	상시	CASE1	0.60	0.60	0.61	0.61	그림10,11
단기하중	내압상승시	CASE2	1.23	1.21	1.10	1.10	그림12,13
	적설시	CASE3	1.37	1.34	1.24	1.24	그림14,15
		CASE4	1.38	1.35	1.25	1.25	그림16,17
	폭풍시	CASE5	0.68	0.68	0.95	0.95	그림18,19
		CASE6	1.75	1.70	0.67	0.64	그림20,21

※ '막재'는 모든 막재부위이며, '정착부'는 막재가 프레임 또는 케이블에 정착한 부분이다.

(2) 막재 최대변위

(단위 : mm)

하중조합			250μm ETFE 필름 (골조막구조)		비고
			외측	내측	
단기하중	내압상승시	CASE2	14 (1/145)	13 (1/155)	
	적설시	CASE3	17 (1/119)	15 (1/130)	
		CASE4	17 (1/115)	16 (1/128)	
	폭풍시	CASE5	16 (1/127)	9 (1/215)	
		CASE6	25 (1/79)	68 (1/29)	
		CASE7	7 (1/304)	5 (1/419)	막재 변위 평가용
		CASE8	13 (1/154)	15 (1/137)	

※ 최대변위 = 절점변위 - 지점변위 ((변위량/지점간거리)가 최대인 지점의 변위)
※ 괄호는 변위량/지점간거리

※ 막재 변위 평가를 위한 최대변위는 지점에 대한 막재의 상대적인 변위를 의미한다.

6.2.6. 구조설계

6.2.6.1 허용응력 평가

(1) 250μm ETFE 필름 (외측)

(가) 막재 허용응력

(단위 : kN/m)

하중조합			최대응력	허용응력	평가
장기하중	상시	CASE1	0.60	1.88	31.9% (O.K.)
단기하중	내압상승시	CASE2	1.23	3.75	32.8% (O.K.)
	적설시	CASE3	1.37	3.38	40.5% (O.K.)
		CASE4	1.38	3.38	40.8% (O.K.)
	폭풍시	CASE5	0.68	4.50	15.1% (O.K.)
		CASE6	1.75	4.50	38.9% (O.K.)

※ 막재의 허용응력은 지침서의 "3.4.3 ETFE 필름 막재의 허용 인장응력 및 인장강도"를 따른다.

(나) 정착부 허용응력

(단위 : kN/m)

하중조합			최대응력	허용응력	평가
장기하중	상시	CASE1	0.60	2.08	28.9% (O.K.)
단기하중	내압상승시	CASE2	1.21	4.17	29.0% (O.K.)
	적설시	CASE3	1.34	3.75	35.7% (O.K.)
		CASE4	1.35	3.75	36.0% (O.K.)
	폭풍시	CASE5	0.68	4.17	16.3% (O.K.)
		CASE6	1.70	4.17	40.8% (O.K.)

※ 정착부의 허용응력은 지침서의 "3.4.4 ETFE 필름 정착부의 허용인장응력"을 따른다.

(2) 250μm ETFE 필름 (내측)

(가) 막재 허용응력

(단위 : kN/m)

하중조합			최대응력	허용응력	평가
장기하중	상시	CASE1	0.61	1.88	32.5% (O.K.)
단기하중	내압상승시	CASE2	1.10	3.75	29.3% (O.K.)
	적설시	CASE3	1.24	3.38	36.7% (O.K.)
		CASE4	1.25	3.38	37.0% (O.K.)
	폭풍시	CASE5	0.95	4.50	21.1% (O.K.)
		CASE6	0.67	4.50	14.9% (O.K.)

(나) 정착부 허용응력

(단위 : kN/m)

하중조합			최대응력	허용응력	평가
장기하중	상시	CASE1	0.61	2.08	29.3% (O.K.)
단기하중	내압상승시	CASE2	1.10	4.17	26.4% (O.K.)
	적설시	CASE3	1.24	3.75	33.1% (O.K.)
		CASE4	1.25	3.75	33.3% (O.K.)
	폭풍시	CASE5	0.95	4.17	22.8% (O.K.)
		CASE6	0.64	4.17	15.4% (O.K.)

6.2.6.2 변위 평가

※ 막재의 변위제한은「KDS 41 70 01」또는 지침서의 "3.4.2 변위제한"을 따른다.

(1) 250μm ETFE 필름 (외측)

(가) 골조막구조

하중조합			최대변위량 / 지점간거리	변위제한	평가
단기하중	적설시	CASE3	1/119	1/15 이하	O.K.
		CASE4	1/115	1/15 이하	O.K.
	폭풍시	CASE7	1/304	1/20 이하	O.K.
		CASE8	1/154	1/20 이하	O.K.

(2) 250μm ETFE 필름 (내측)

(가) 골조막구조

<table>
<tr><th colspan="3">하중조합</th><th>최대변위량 /
지점간거리</th><th>변위제한</th><th>평가</th></tr>
<tr><td rowspan="4">단기하중</td><td rowspan="2">적설시</td><td>CASE3</td><td>1/130</td><td>1/15 이하</td><td>O.K.</td></tr>
<tr><td>CASE4</td><td>1/128</td><td>1/15 이하</td><td>O.K.</td></tr>
<tr><td rowspan="2">폭풍시</td><td>CASE7</td><td>1/419</td><td>1/20 이하</td><td>O.K.</td></tr>
<tr><td>CASE8</td><td>1/137</td><td>1/20 이하</td><td>O.K.</td></tr>
</table>

Appendix. 해석자료

A.1 응력도

(1) 막재

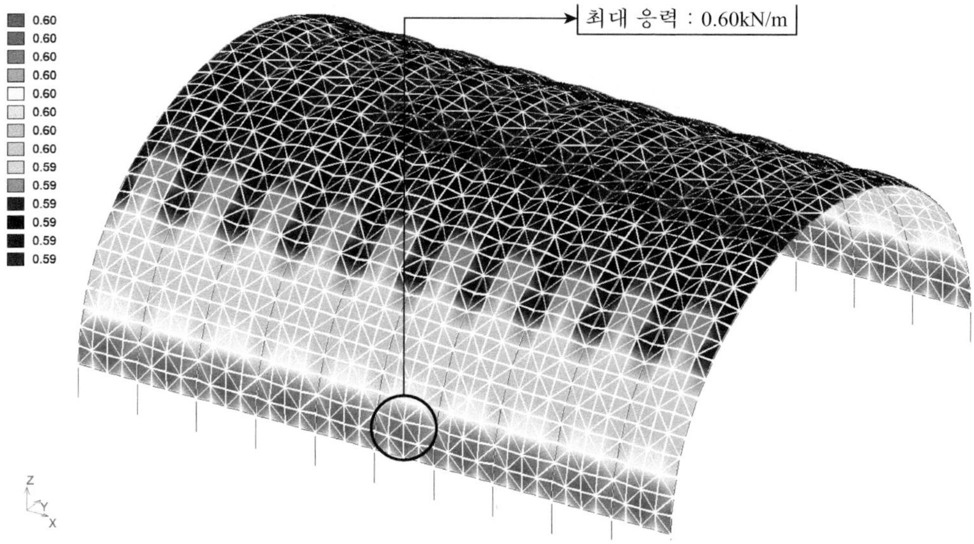

그림10. 막 응력(kN/m) : CASE1 (D+T_i+P_{i1}) 외측필름

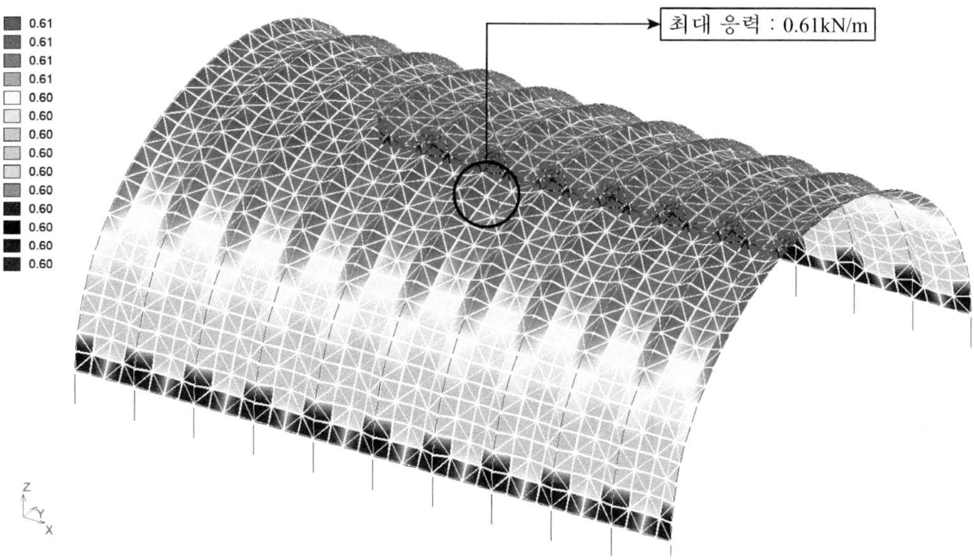

그림11. 막 응력(kN/m) : CASE1 (D+T_i+P_{i1}) 내측필름최대 응력: 0.60kN/m

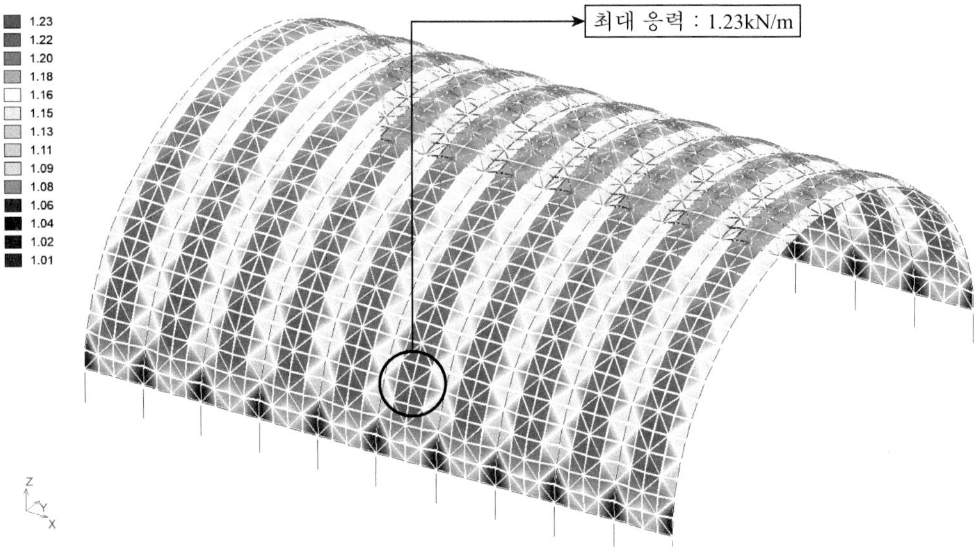

그림12. 막 응력(kN/m) : CASE2 ($D+T_i+P_{i2}$) 외측필름

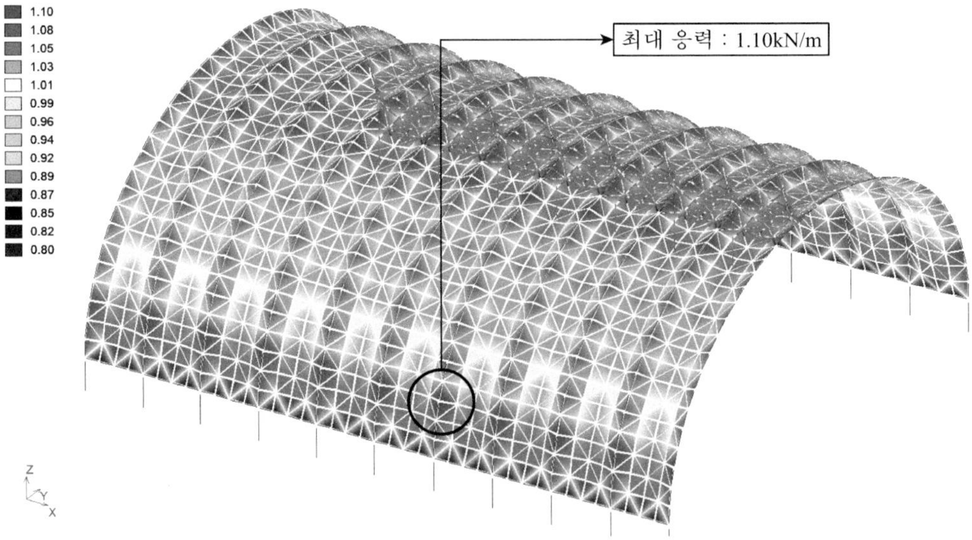

그림13. 막 응력(kN/m) : CASE2 ($D+T_i+P_{i2}$) 내측필름

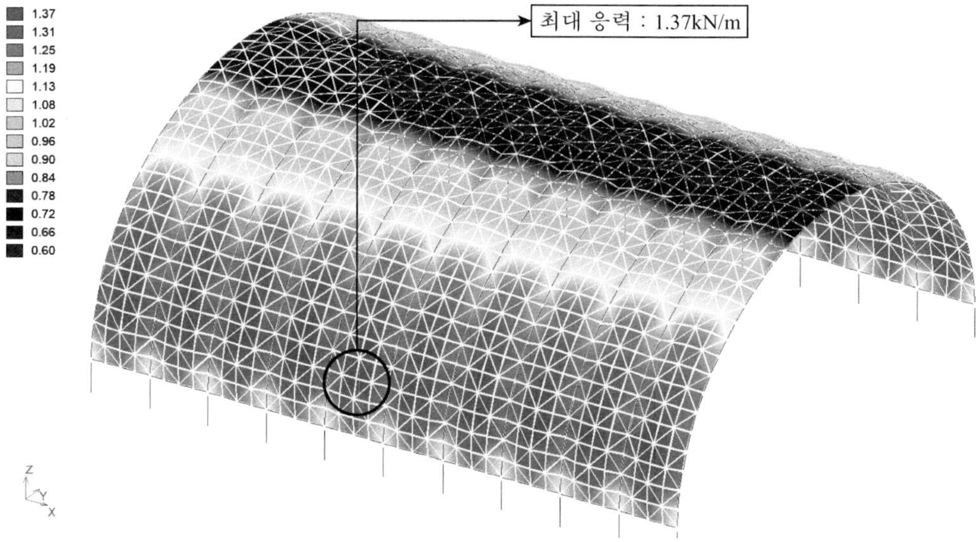

그림14. 막 응력(kN/m) : CASE3 ($D+T_i+P_{i2}+S_1$) 외측필름

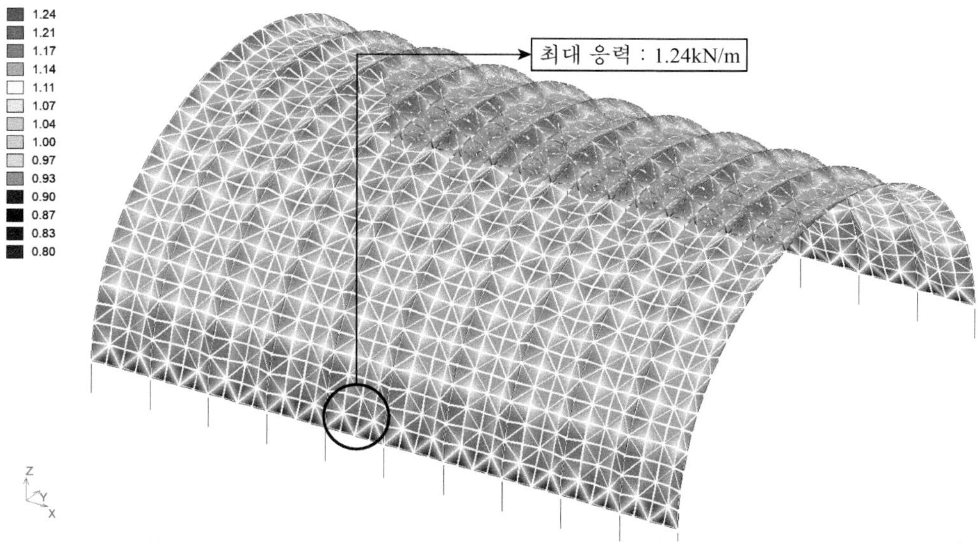

그림15. 막 응력(kN/m) : CASE3 ($D+T_i+P_{i2}+S_1$) 내측필름

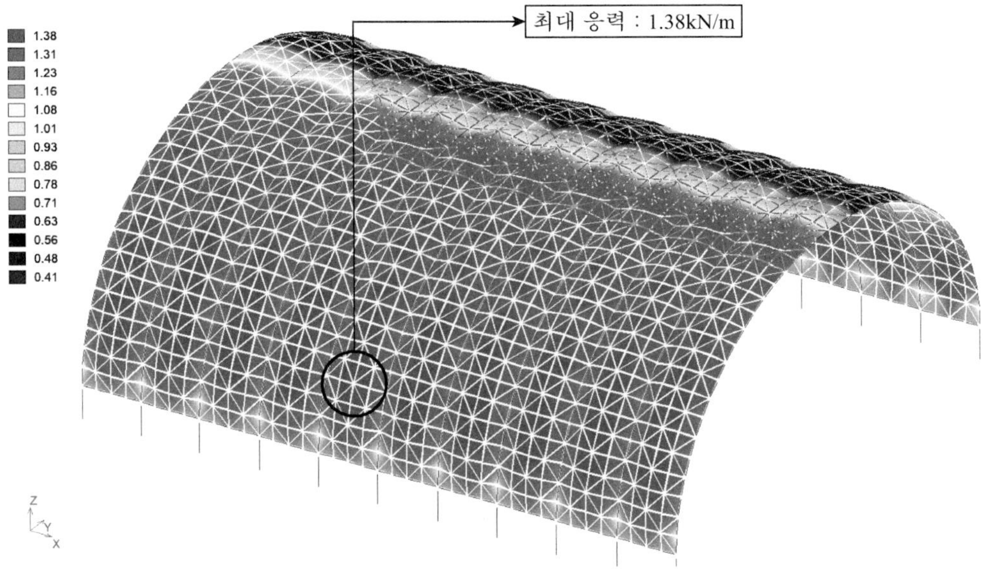

그림16. 막 응력(kN/m) : CASE4 ($D+T_i+P_{i2}+S_2$) 외측필름

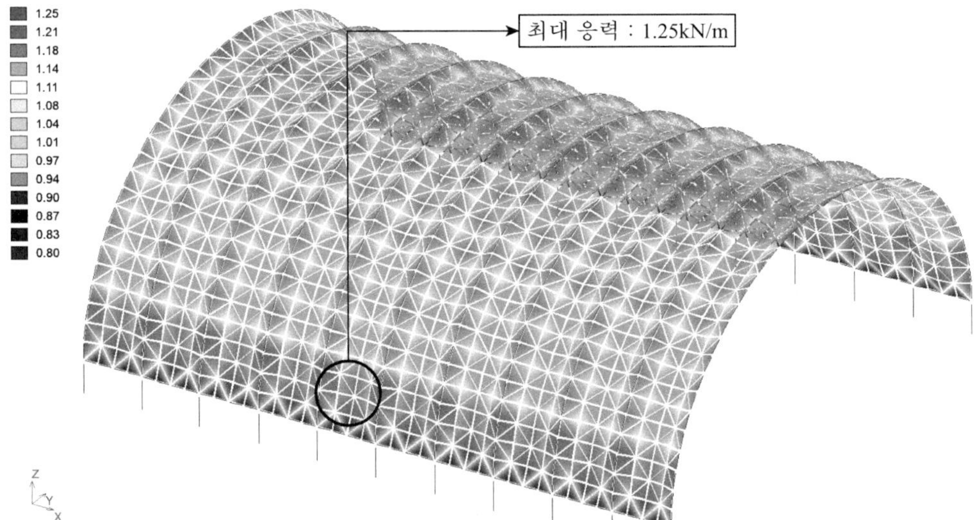

그림17. 막 응력(kN/m) : CASE4 ($D+T_i+P_{i2}+S_2$) 내측필름

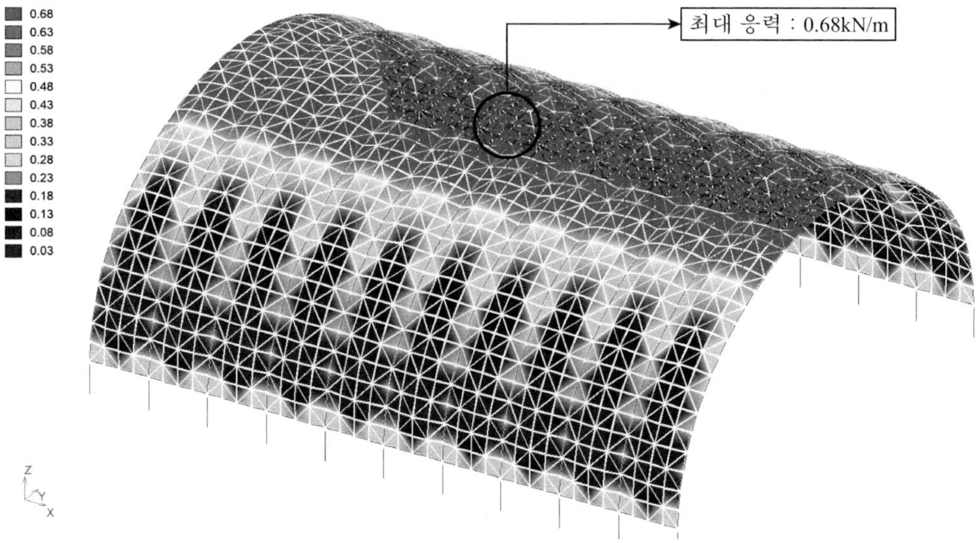

그림18. 막 응력(kN/m) : CASE5 ($D+T_i+P_{i1}+W_1$) 외측필름

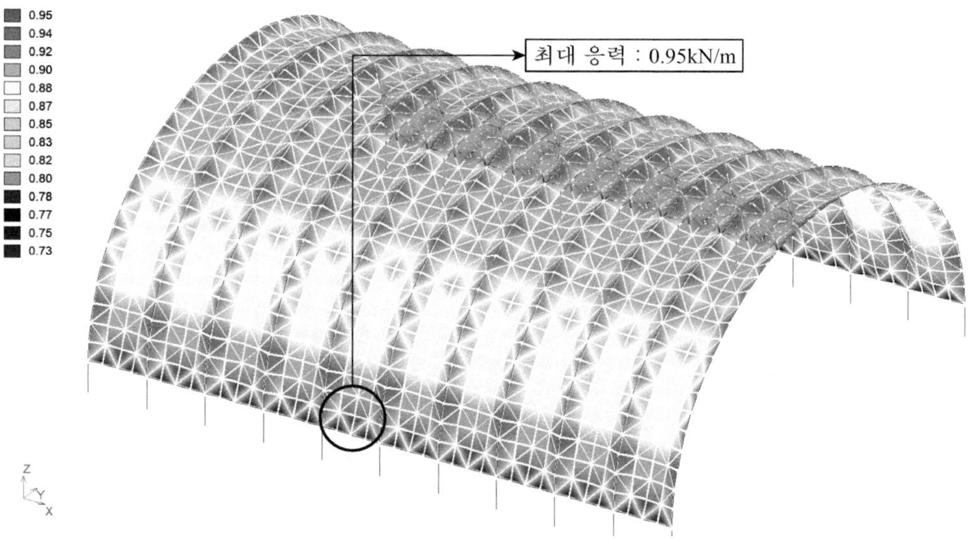

그림19. 막 응력(kN/m) : CASE5 ($D+T_i+P_{i1}+W_1$) 내측필름

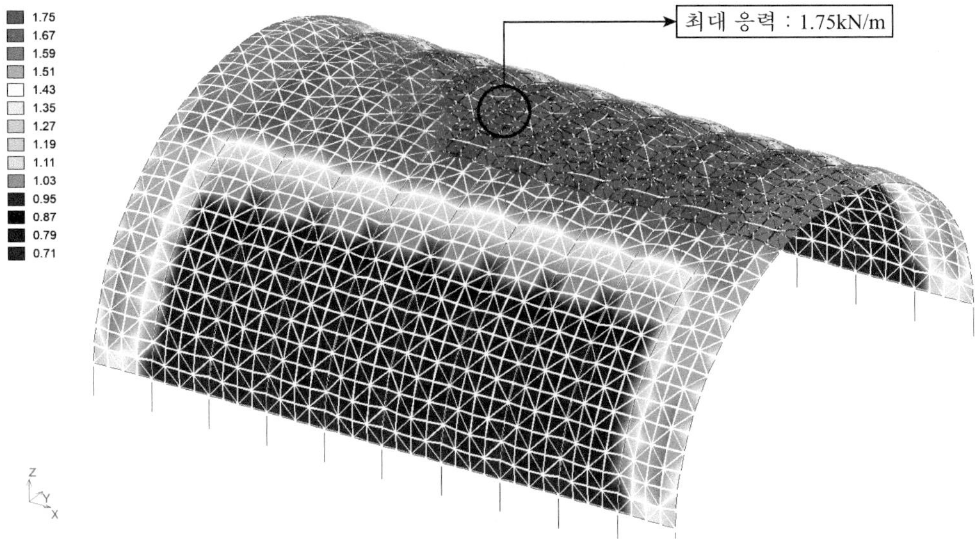

그림20. 막 응력(kN/m) : CASE6 (D+T_i+P_{i1}+W_2) 외측필름

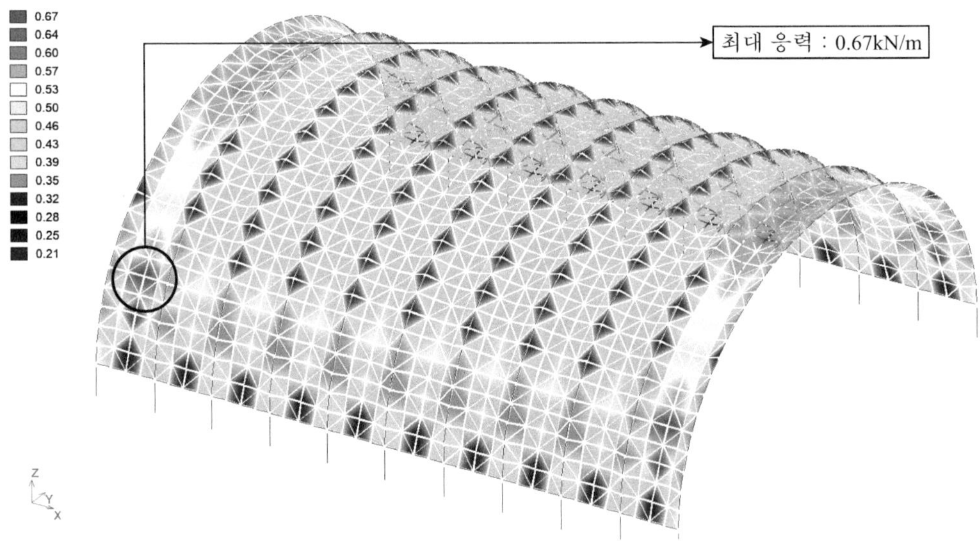

그림21. 막 응력(kN/m) : CASE6 (D+T_i+P_{i1}+W_2) 내측필름

A.2 변형도

(1) 막재

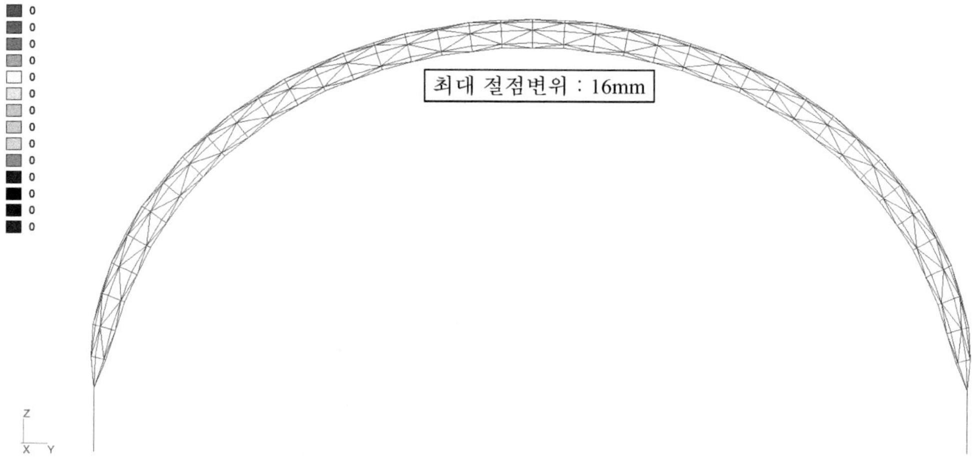

그림22. 막 변위(mm) : CASE1 ($D+T_i+P_{i1}$)

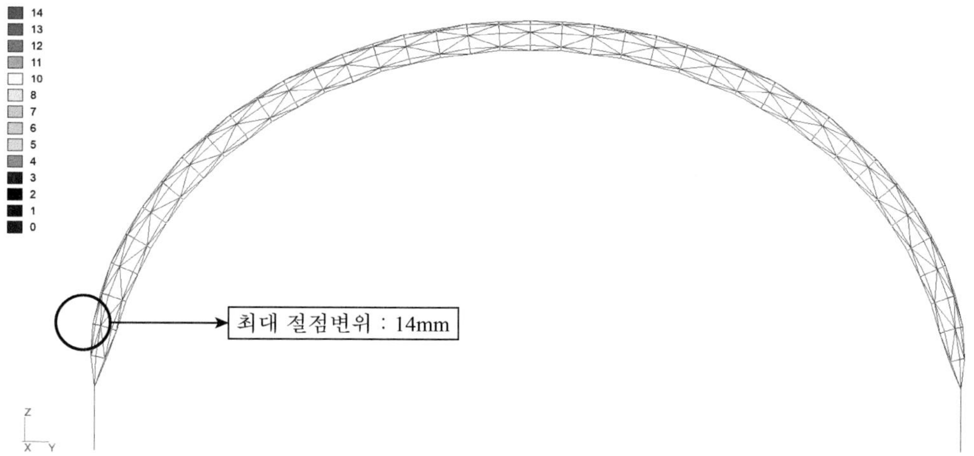

그림23. 막 변위(mm) : CASE2 ($D+T_i+P_{i2}$)

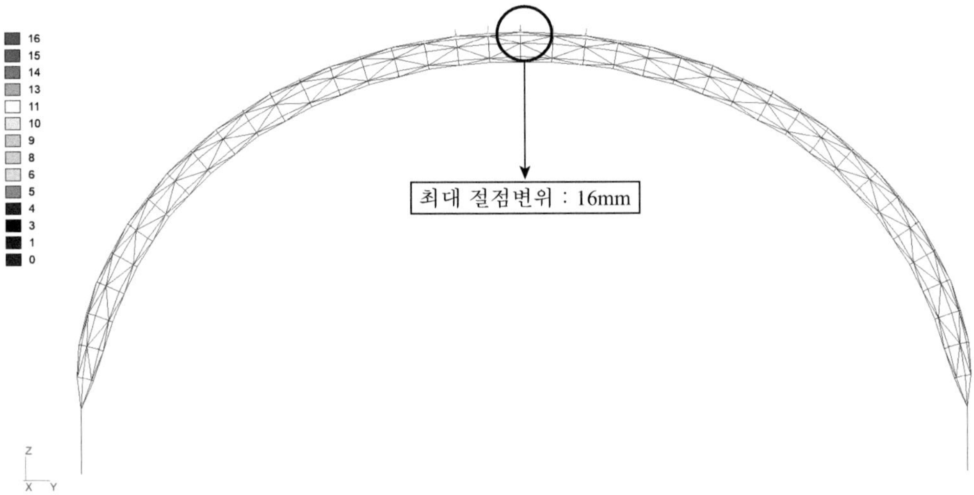

그림24. 막 변위(mm) : CASE3 $(D+T_i+P_{i2}+S_1)$

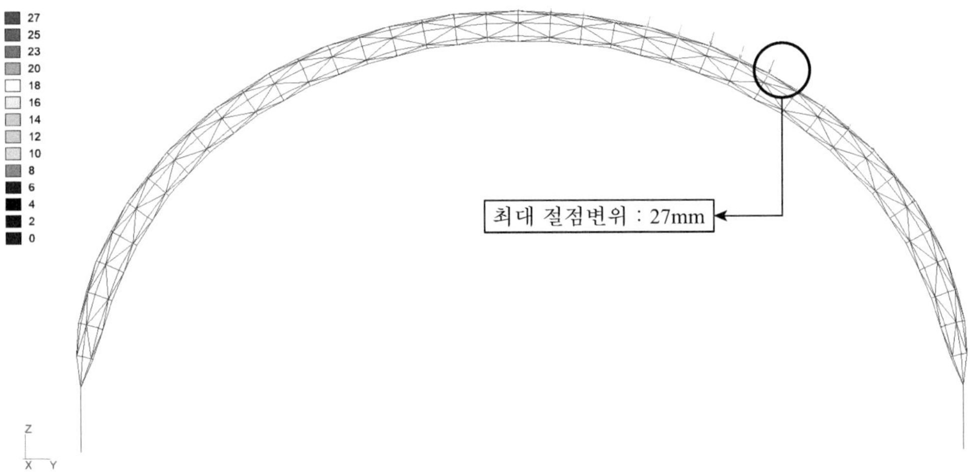

그림25. 막 변위(mm) : CASE4 $(D+T_i+P_{i2}+S_2)$

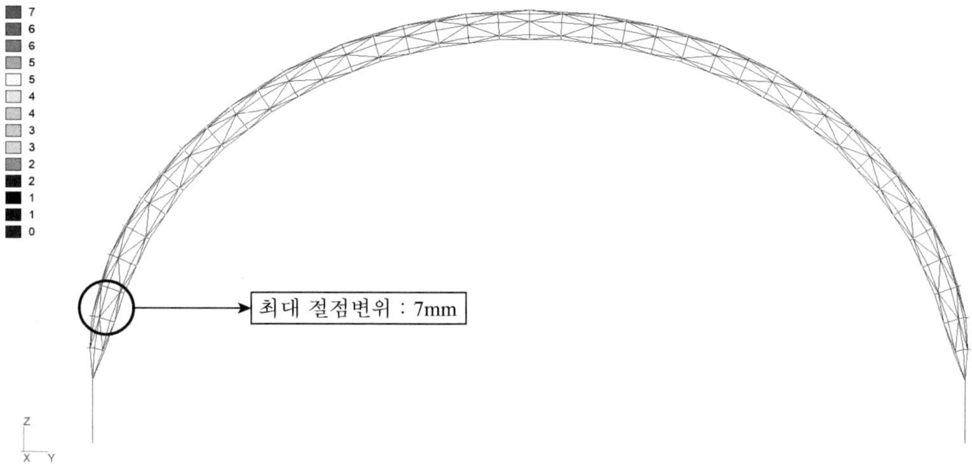

그림26. 막 변위(mm) : CASE7 $(D+T_i+P_{i1}+0.5W_1)$

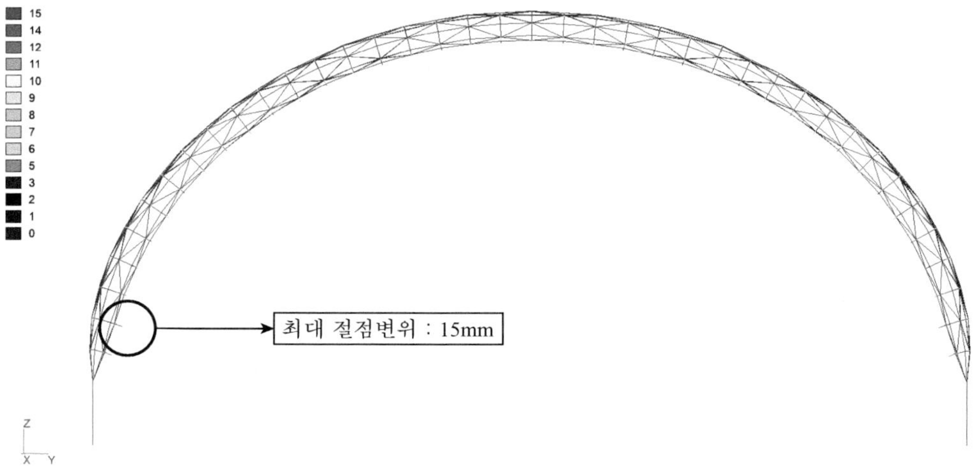

그림27. 막 변위(mm) : CASE8 $(D+T_i+P_{i1}+0.5W_2)$

APPENDIX

부록

APPENDIX

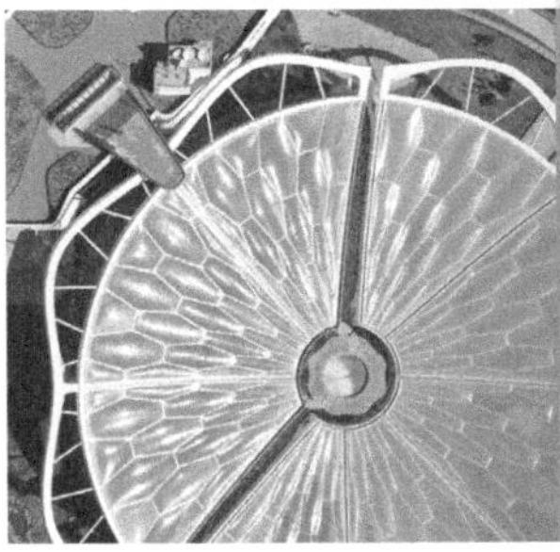

일본「막구조의 건축물 / 막재료 등의 기술기준 및 동해설」 번역

A1. 배경

막재 필름의 한 종류인 ETFE는 해외 뿐 아니라 국내에서도 종종 사용되고 있으므로, 이에 대한 설계기준 및 지침이 요구되는 실정이다. 하지만, 현재 국내 막구조 설계기준인「KDS 41 70 01(막과 케이블 구조)」에는 막재 필름에 대한 기준이 포함되어 있지 않아서, EFTE를 설계/시공할 경우에는 관련 일부 전문서적이나 해외 기준을 참고할 수밖에 없었다. 이에 ETFE 막구조 설계를 위한 설계지침서를 작성하는 프로젝트를 수행하면서 일본의 막재 필름에 대한 기준을 참고하게 되었으며, 2020년에 새로 개정된 일본「막구조의 건축물 / 막재료 등의 기술 기준 및 동해설」의 일부를 번역하게 되었다.

동 기준의 목차와 내용을 분석한 후에 막재 필름과 일부 케이블에 대한 내용을 선택하여 번역작업을 수행하였다. 3장은 막구조, 4장은 구조계산에 대한 일본기준 내용을 소개하고 있는데, 일부 내용들은 구조설계 매뉴얼의 내용에 포함시켰다.

A2. 일본 막구조 설계기준 검토

2020년 발간된 일본「막구조의 건축물 / 막재료 등의 기술 기준 및 동해설」은 1편과 2편으로 구성되어 있으며, 막구조 적용범위, 설계, 정착, 내구성, 구조계산, 허용응력도 등의 전반적은 내용을 서술하고 있다. 1편은 막구조 건축물, 막재 등의 기술기준 및 동해설이고 2편은 구조계산에 대한 예시로 이루어져 있는데, 자세한 내용은 아래와 같다.

(1) 1편 : 막 구조 건축물, 막 재료 등의 기술기준 및 동해설

· *1장 : 서문*
· *2장 : 막구조 건축물의 기술적 기준*
· *3장 : 천막창고 건축물의 기술적 기준*
· *4장 : 막재료, 천막 창고용 막 재료 및 막구조용 필름*
· *5장 : 방화 관련 규정의 개요*

(2) 2편 : 구조계산 예 개요

· *계산 예 1 : 골조막 구조*
· *계산 예 2 : 서스펜션 막구조*
· *계산 예 3 : 막재 필름(텐션방식)*
· *계산 예 4 : 막재 필름(쿠션방식)*
· *계산 예 5 : 고정식 천막 창고 건축물*
· *계산 예 6 : 가동식 천막 창고 건축물*

1편의 5개 장 중에서 "2장. 막구조 건축물의 기술적 기준"에 초점을 맞추었으며, 2편의 막재 필름 적용사례에 대한 "계산 예 3, 4"를 추가로 번역하였다. 기준 2장의 내용은 다음과 같은 내용을 포함하고 있다.

· *막구조를 이용한 건축물의 심사*
· *적용범위*
· *막구조*
· *막재의 정착*
· *내구성 등 관계 규정의 지정*
· *구조계산*
· *기타 구조계산에 관한 규정*
· *허용응력도 등*

상기 내용 중에서 특히 막재 필름과 일부 구조용 케이블에 관한 내용을 취사, 선택하여 번역하였다. 번역본의 내용은 3장에 막재/케이블의 내용, 4장에 구조계산 사례로

구성되었으며, 일본「막구조의 건축물 / 막재료 등의 기술 기준 및 동해설(2020)」의 목차와는 일치하지 않는다.

A3. 막구조

A3.1 막재 필름

A3.1.1 막재 필름의 성질

구조내력상 막면의 주요한 부분에서 사용되는 막재 필름은 다음 각 호에 열거된 기준에 적합해야 한다.

(1) 흠집, 벗겨짐, 마양 및 기타 내력상 결점이 없는 것으로 한다.
(2) 막재 필름은 에틸렌 4불화 에틸렌 공중합수지 필름으로 한다.
(3) 두께의 기준치는 0.1mm 이상으로 한다.
(4) 단위 질량의 기준치는 당 175g 이상으로 한다.
(5) 인장 강도의 기준치는 1당 40N 이상으로 한다.
(6) 증가율 기준치는 300% 이상으로 한다.
(7) 인열 강도의 기준치는 두께 1mm 당 160N 이상, 또한 인장강도에 10mm를 곱해서 얻은 수치의 15% 이상으로 한다.
(8) 인장 크리프에 의한 신장 전 기준치는 15% 이하로 한다.
(9) 구조 내력상 주요한 부분, 특히 변질 또는 마손의 우려가 있는 것에 대해서는 변질 또는 마손되기 어려운 막구조용 필름 또는 변질이나 마손 방지를 위한 조치를 한 막구조용 필름으로 사용한다.

해설 *explanation*

A3.1.1 항은 막재 필름의 구성재, 두께, 질량, 인장강도, 파단증가율, 인열강도, 인장 크리프에 의한 신장 및 변질, 마손에 대하여 규정되어 있으므로 해당 규정에 적합한 막구조로 할 경우에는 이 범위의 막재 필름에 한하여 사용할 수 있게 된다. 개별 프로젝트 이후에 대신의 인정을 받는 경우에는 이들 중 내구성 등 관계규정인 인장강도, 인장클립에 의한 신장율 및 변질·마손에 관한 제한만이 적용된다.

일반적으로 수지 재료는 자외선 등으로 열화되면 강도나 유연성이 저하되므로 막 구조용 필름의 구성재는 자외선 등에 대한 내후성이 있는 것이어야 한다. 현 시점에서 건축물의 사용 실적이 있는 것은 ETFE 뿐이다. ETFE 필름은 발소 수지의 일종으로, 내후성 외에 용착 등의 가공성을 가지고 있다. 막 구조용 필름의 두께는 강도, 내구성, 인열전파, 내비래물성, 접합성 등을 확보하기 위한 규정이다. 인장강도는 구조계산을 필요로 하지 않는 소규모의 경우에도 초기 장력의 도입을 고려하고 확보하여야 하는 최소값으로 정해져있고 인열강도는 이에 대응한 최소치로 하고 있다. 또한 인장강도, 신장율, 인열강도 모두 두께와 함께 인열전파, 내비래물에 대한 어느 정도의 대응을 고려한 수치로 하고 있다. 수지로만 구성된 필름의 대부분은 항복점을 가지며, 항복 후에는 인장강성이 저하되어 성장이 커진다.

막재 필름은 항복 후에 충분한 신장능력을 가지며, 취성적인 파단이 발생하지 않도록 파단신장의 하한값을 설정하고 있다. 수지재료는 계속적인 하중에 대해 수 시간과 함께 변형이 증가하는 크리프나 응력이 감소하는 응력이완(relaxation)이 발생한다. 막재 필름에서는 전술한 바와 같이 하중의 국부적 체류에 의한 Ponding이 크게 늘어나기 때문에 주의가 필요하다. 인장 크리프에 의한 신장률은 장기 하중에 의한 신장을 제한하는 것을 의도한 기준치이며, 크리프 파단을 방지하고 초기장력의 이완을 줄이기 위해 정해진 값이다. 막재의 코팅재와 같이, 막재 필름의 표면 처리 가공이나 인쇄 중 강도성능에 큰 영향을 주지 않는 것은 구성재료로 취급하지 않는다.

A3.1.2 막재 필름의 초기장력

막재 필름을 이용할 경우에는 막재 장력을 도입하는 텐션방식과 막재를 봉투 형태로 하여 내부 공기압을 높임으로써 필름의 초기 장력을 도입하는 쿠션방식으로 할 수 있다. 초기 장력을 설정할 때는 〈그림 A3.1.1〉에 나타낸 텐션방식과 쿠션방식을 나눌 수 있다. 텐션 방식에는 막재 필름의 두께, 여름철 기온 상승으로 인해 필름이 늘어짐을 고려하여 적절한 값을 설정한다.

초기 장력이 너무 크면, 하중/외력이 작용하였을 때, 필름이 소성화될 가능성이 높아지므로 주의해야 한다. 쿠션방식에서는 지지하는 스팬이나 쿠션의 형상(곡률반경) 및 평상시 내압 크기(동시에 외압에 대한 저항력)를 고려할 필요가 있다. 두 방식 모두 막면은 등장력 곡면을 기본으로 하여 안정된 형상으로 함으로써 초기 장력이 변화하지 않도록 한다.

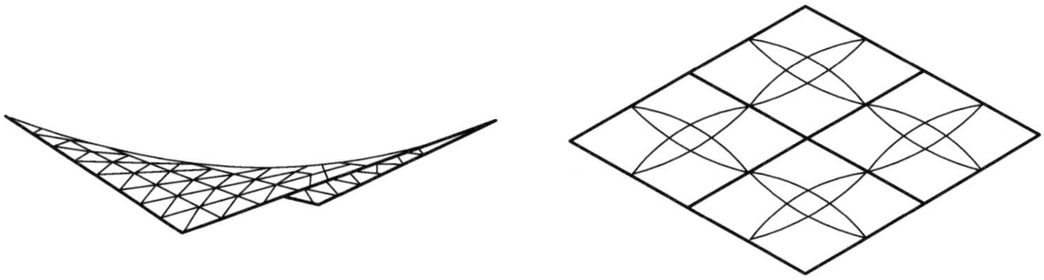

텐션방식　　　　　　　　　　쿠션방식

〈그림 A3.1.1〉 막구조용 필름의 장력 도입 방법

막재료면의 완성형상은 고정하중 및 막면의 초기장력 상태에서 어울리도록 설정한다. 지금까지의 일반적인 막구조에서 막재료 등의 초기장력은,

· *막재료 A종:　　2 kN/m 이상*
· *막재료 B/C 종:　1 kN/m 이상*
· *막구조용 필름:　1 kN/m 이상 (쿠션방식 제외)*

정도가 기준이 될 수 있다. 막재는 압축력에 저항할 수 없기 때문에 초기 장력이 작으면 하중, 외력에 의한 변형도 커진다. 하중 및 외력에 의해 초기장력이 소실되면 Wrinkling(막재료의 국부적인 좌굴 현상으로 구김이 발생)을 발생시키고, 이 영역이 확대되면 구조 전체가 불안정하게 된다. 링클링의 발생은 곡면 형상과 하중, 외력의 상황에 따라 다르지만 어떠한 경우에도 막재면은 항상 장력상태에 있는 것이 바람직하다. 그러나 풍압력, 적설하중 등이 작용했을 때에 막재면의 모든 부분에 걸쳐 장력을 유지하기 위하여, 초기 장력이 너무 큰 값이 되어 막재의 크리프, 강도 및 시공성을 고려할 때, 현실적이지 않은 경우도 있다. 막의 곡면형태 설계에 있어서 부분적인 초기장력의 소실을 허용하는 경우, 이 상태에서도 구조 전체가 불안정해지지 않음을 해석으로 확인하여야 한다. 초기 장력이 소실된 부분에서는 그 방향은 응력을 부담할 수 없기 때문에 구조 해석에서는 이 방향의 막재는 존재하지 않는 상태로서 계산된다.

막재 필름의 쿠션방식에 있어서 상시 내압은 자중 등 평시 상태에서의 하중 및 외력에 저항할 수 있는 초기 장력이 도입되도록 200~300Pa 정도로 하나, 강설 혹은 강풍시의 관리 방법을 함께 고려하여 안정시킬 필요가 있다. 특히 풍압력이 작용할 때에는 특징적인 저항형태(부압시에는 상측 필름, 정압시에는 하측 필름이 저항함)가

형성되므로 제어방침에 유의한다. 내압관리를 하지 않았을 경우에는 상시 내압을 항구적으로 높여두거나, 강설이나 태풍 정보에 대응하여 일시적으로 내압을 높이는 방법도 있다. 쿠션방식의 경우는 내압의 제어에 의해 필름의 초기 장력을 유지할 수 있기 때문에 기준의 1kN/m 이상을 적용하지 않아도 된다.

A3.1.3 막재 필름의 측정방법

측정방법에서는 고온시와 상온(20℃±2℃ 또는 23℃±2℃)에서 시험을 실시하는 것으로 하므로 유의해야 한다. 또한, 막재 필름의 측정방법 등은 기본적으로 JIS에 준거하고 있지만, 적절한 결과를 얻기 위해서는 이 재료의 특성에 맞추어 JIS에 규정되지 않은 경우도 있다. 측정방법에 대한 자세한 내용은 "일본 막구조 협회 시험법 표준 막구조용 필름의 품질 및 성능시험방법(MSAJ/M-04-2019)"을 참조하기를 바란다.

A3.1.3.1 단위질량, 밀도

감는 방향 및 직교 방향에 따라 잘려진 100×100mm 시험편에 대해 1m 당 질량(g)을 측정하여 그 평균치를 정수 단위로 처리한다.

A3.1.3.2 두께

JIS K7130(플라스틱 필름 및 시트 두께 측정 방법) 1999에 의한다.

· *A법 : 기계적 주사에 의한 수정방법*
· *B1법 : 시료의 질량법에 의한 두께 시험 방법*
· *B2법 : 롤 제품의 질량법에 의한 평균두께 및 곡선 측정방법*

의 세 가지 방법이 있다.

A3.1.3.3 인장강도, 파단시 신장률, 신장률 2.5 및 10% 시 응력

JIS K 7127 (플라스틱 인장특성의 시험방법 1 제 3부 : 필름 및 시트의 시험조건) 1999에 의하여 Roll 방향 또는 롤 직교방향을 하중방향으로 하는 더블형 시험편에 대해 인장시험을 수행하여 파단시의 하중 및 변형률을 구한다. 각 방향에 관하여 최대 인장 응력시의 하중(N)을 시험편 중앙부의 초기(가력전)의 폭 및 두께로 나누어

단위면적당의 하중으로 환산하여 최대 인장응력시의 변형률(%)과 함께 각각의 평균치를 유효숫자 3자리수로 환산한다. 단, 부득이한 경우에는 스트립 형태(Strip-type) 시험편을 이용할 수도 있다. 스트립 형태 시험편은 연결부 응력 집중으로 인하여, 댐퍼형(Damper-type) 시험편보다 파단이 빠르기 때문에, 파단시의 하중 및 신장률이 스트립 시험편이 댐퍼형 보다 작아진다. ETFE 필름은 응력변형관계를 〈그림 A3.1.2〉처럼 신장률 2.5%, 10%에서 제1항복점, 제2항복점의 응력을 구하도록 설명하고 있다. 신장률 10%의 응력과 제2항복점은 약간의 차이가 있지만, 제2항복점 근방의 안전측으로 수치를 구할 수 있기 때문에 예로부터 품질 관리치로서 이용되고 있다. 이들 값은 표시된 선들의 변형이 각각 2.5%, 10%에 달했을 때의 하중을 시료의 단면적으로 나누어 구한다. 다른 재질의 막구조용 필름은 각 필름의 성상에 따라 설정할 필요가 있다.

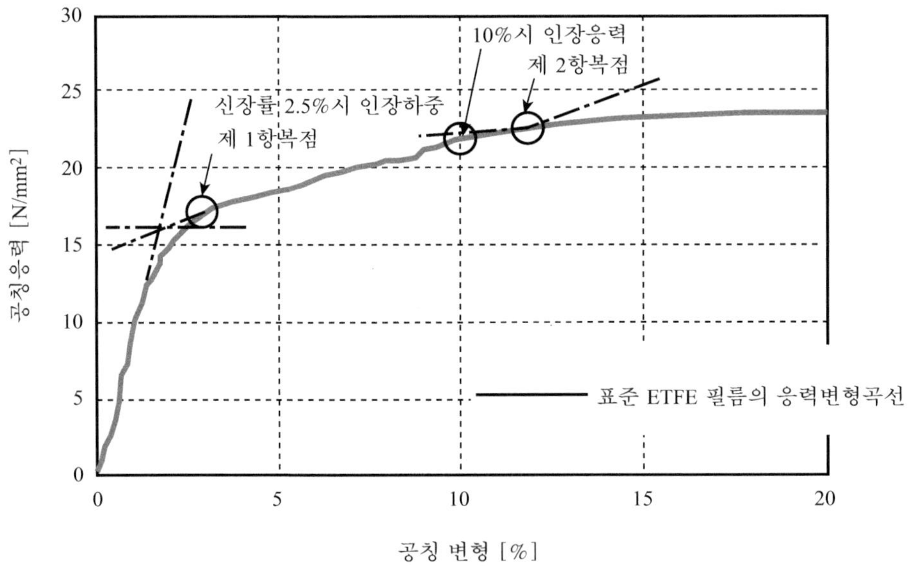

〈그림 A3.1.2〉 ETFE 필름의 응력-변형률 관계

A3.1.3.4 인열강도

JIS K 712803 (플라스틱 필름 및 시트의 인열강도 시험방법 제3부: 직각형 인열방법) 1998에 따라 실시한다.

A3.1.3.5 인장크립에 의한 신장률

상온에서는 롤 방향 및 직교 방향의 신장률 비율이 10%시 응력의 1/2 이상의 하중에서 24시간 동안 재하, 150도 근처의 온도에서는 1/10 이상의 하중에서 6시간의 재하에 의한 시험을 실시하도록 되어있다. 단, 하중 조건 및 고온시의 온도조건은 어디까지나 ETFE 필름의 형상에 맞추어 설정되어 있는 것이므로 필름 재질에 따라 별도로 검토할 필요가 있다.

A3.1.3.6 반복 하중 시, 인장강도(내반복 인장 피로성)

반복 인장시의 최대 하중은 변형률 10%시 인장응력의 4/5에 상당하는 하중, 최소 하중은 $2N/mm^2$ 이하, 반복 인장 회수는 30만회로 한다. 반복 인장 피로시험 후에 인장강도시험을 실시한다.

A3.1.3.7 구부림 반복 하중 시, 경우의 인장강도(내반복 접음)

반복 접힘을 받는 경우의 시험은 JIS P8115(종이 및 판지-내절강도시험방법-MIT시험기법)-2001에 따르지만, 이 시험기계에서는 절곡 표면의 곡률반경은 0.38mm로 한다.

A3.1.4 막재 필름의 조성, 사용환경 조건 등에 따라 필요한 기준치의 예

막재 필름이 필요한 품질 기준치는 아래와 같고, 그에 따른 측정방법은 해설에 설명한다. (1) 내마모성에 대하여 벗겨짐, 균열 등 이상이 없고 마모량이 10mg 이하여야한다. (2) 내후성에 대해서 롤 방향 및 롤 직교의 방향의 인장강도 등 각각의 평균치가 각 방향의 초기 인장강도의 70%로 한다. (3) 내한성에 대하여 이상이 없는 것으로 한다. (4) 내약품성에 대하여 구조내력 상 유해한 금 및 균열이 없는 것으로 한다. (5) 고온상태에서의 롤 방향 및 직교 방향의 인장강도 각각의 평균치이거나 각계 방향의 초기 인장강도의 70% 이상으로 정해져 있는 것으로 한다. (6) 가열치수변화에 대하여 롤 방향 및 직교방향 신장률의 평균치에 대한 편차 이내로 한다.

(1) 내마모성

내마모성에 관한 측정은 JIS K 7204(플라스틱-마모륜에 의한 마모시험 방법) - 1999에서 규정하는 방법(마모륜에는 CS 10을 사용하고, 마모하중은 5N으로 한다.) 또는 JIS K 6404-22 (고무인포, 플라스틱 인포 시험방법 - 제 22부 : 내 마모 시험) - 1999에서 정하는 방법(마모륜에는 CS 10을 사용하고, 마모하중은 5N으로 함)에 따라 내마회수 500회의 시험을 5장 이상 실시하거나 이와 동등 이상으로 내마모성을 측정할 수 있는 방법으로 한다.

(2) 내후성

내후성에 대한 인장강도 등의 측정은 다음에 설명하는 방법에 의하거나 또는 이와 동등 이상으로 내후성에 대한 인장강도 등을 측정할 수 있는 방법으로 한다.

(가) JIS K 7219(플라스틱 직접 옥외 노출(暴露), 언더글라스 옥외 노출-태양집광 촉진 옥외 노출 시험 방법) - 1998에 정하는 방법에 따라 10년간 이상 노출 후, 인장 시험을 롤 방향 및 직교 방향 각각에 대해 5장 이상 실시한다.

(나) JIS A 1415 (고분자계 건축 재료의 실험실 광원에 의한 그림자 노출 시험 방법) - 1999에서 정하는 방법에 따라 300nm에서 400nm 파장의 자외선 방사량이 1,350MJ/m² 이상의 물 분사 조건에서 노출 후, 인장 시험을 롤 방향 및 직교 방향에 대해 5장 이상 실시한다.

(3) 내한성

내한성에 대한 측정은 JIS M7102(비닐가공포 풍관) - 1993에서 정하는 내한성 시험에 의해 시험편을 온도 섭씨 영하 25도에서 2시간 이상 방치 후, 구부리는 힘 방법으로 롤방향 및 롤 직교 방향 각각에 대해 5장 이상 실시하거나 또는 이와 동등 이상으로 내한성을 측정할 수 있는 방법으로 한다.

(4) 내약품성

내약품성에 대한 측정은 JIS K 7114(플라스틱 - 액체약품에의 침지 효과를 구하는 시험방법) - 2001에 의해 질산의 0.1% 수용액, 수산화나트륨의 0.1% 수용액 및 염화나트륨의 5% 수용액에 각각 5장 이상의 시험편을 7일 이상 침지할 수 있는 방법에 의하거나 또는 동등 이상으로 내약품성을 측정할 수 있는 방법으로 한다.

(5) 고온상태에서의 인장강도

고온상태에서의 롤방향 및 롤 직교방향의 인장강도 측정은 롤 방향 및 롤 직교방향의 시험편(시험편의 폭을 30mm 또는 50mm 로 함)을 150℃ (막재료 B종 또는 C종 및 텐트 창고용 막재료에서는 60℃) 근처에서 인장시험을 롤방향 및 롤직교방향 각각에 대해서 5장(텐트 창고용 막재료에서는 3장) 이상 실시하거나 이와 동등 이상으로 고온상태에서의 인장강도를 측정할 수 있는 방법으로 한다.

(6) 가열치수변화

JIS K7133 플라스틱 필름 및 시트 가열 치수 변화 측정 방법에 의해 150℃ 근처에서 10분, 표준 상태로 60분 둔 후에 치수를 측정한다.

A3.1.5 막재 필름의 접합부에 필요한 기준치의 예

막재 필름의 접합부에 필요한 품질 기춘치는 아래와 같고, 그에 따른 측정방법은 해설에 설명한다.

(1) 롤 방향 및 직교 방향의 접합부 인장강도의 각각의 평균치가 신장률 10%시 응력의 1.25배 이상으로 한다.
(2) 접합부 내인장 크리프성에 대하여, 롤 방향 및 직교방향의 신장률 각각의 평균치는 15% 이하로 하며, 파단되지 않는 것을 확인한다.
(3) 고온상태에서의 롤 방향 및 직교방향 접합부 인장강도의 각각의 평균치는 각 방향 접합부 초기 인장강도의 20% 이상으로 한다.
(4) 접합부 내후성에 대하여 롤 방향 및 직교방향 인장강도의 각각의 평균치는 각 방향의 접합부 초기 인장강도의 70% 이상으로 한다.

(1) 접합부 인장강도

롤 방향 및 직교방향의 접합부 인장강도 측정은 상호 방향에 대하여 열판 용착으로 접착하여 본문 제 4호에서 규정하는 인장시험을 롤 방향 및 직교방향으로 5장 이상 실시하거나 이와 동등 이상으로 접합부의 인장강도를 측정할 수 있는 방법으로 한다. 용착폭은 8mm 이상으로 한다.

(2) 접합부 내 인장크리프

접합부재 인장크리프에 대하여 롤 방향 및 직교 방향의 신장률 측정은 1)에 열거된 방법에 의하거나 막재료 등의 품질에 따라 동등 이상으로 인장크립에 의한 신장률을 측정할 수 있는 방법으로 한다.

(가) 시험편은 롤 방향 및 직교 방향 각각에 대해 5장 이상으로 하고, 시험편의 폭은 30mm 또는 50mm로 한다.

(나) 재하는 JIS K 6859(접착제의 클리프 파괴 시험 방법) - 1994 또는 JIS K7115(플라스틱 클리프 특성의 시험 방법 - 제1부: 인장크립) - 1999의 시험 방법에 따라 다음의 (a) 및 (b) 에 열거한 재하를 각각 실시한다.

(a) 실온에서 롤 방향 및 직교방향의 신장률 10% 시, 응력의 1/4 이상의 하중에서 24시간의 재하를 실시하는 것.
(b) 온도 150℃ 주위에서 롤 방향 및 직교방향의 신장률 10% 시, 응력의 1/10 이상의 하중에서 6시간의 재하를 할 것.

(3) 고온상태에서의 접합부 인장강도

고온상태에서의 롤 방향 및 직교방향의 접합부 인장 강도 측정은 1)에서 언급하는 접합과 동일한 접합을 롤 방향 및 직교방향 서로에 대하여 행하고, 온도 150℃ 근처 내에서 1)에서 규정하는 접합부 인장시험을 롤 방향 및 직교방향 각각에 대하여 5장 이상 행하거나 이와 동등하게 고온상태에서의 롤 방향 및 직교방향의 접합부 인장강도를 측정할 수 있는 방법으로 한다.

(4) 접합부 내후성

접합부 내후성에 대한 인장강도 측정은 1)에 열거된 접합과 동일한 접합을 롤 방향 상호 및 직교방향 상호에 대하여 행하고, 내수성에 대한 측정을 실시하거나 이와 동등 이상으로 접합부 내후성에 대한 인장강도를 측정할 수 있는 방법으로 한다.

A3.2 구조용 케이블

A3.2.1 구조용 케이블의 성질

구조내력상 주요한 부분에 사용하는 막면에 사용되는 구조용 케이블은 다음에 열거된 기준에 적합해야 한다.

(1) 뒤틀림, 구부러짐, 기타 내력상의 결점이 없어야 한다.

(2) 구조용 케이블의 단부의 정착부는 다음 중 하나의 구조방법으로 하여 존재 응력의 전달에 지장이 없는 것으로 한다. 단, 가설 건축물에 있어서는 구조용 케이블의 단부의 정착부가 존재 응력의 전달에 지장이 없는 (가), (나), (다) 이외의 구조 방법으로 할 수 있다.

(가) 소켓 고정(차선모양으로 벗겨진 구조용 케이블의 단부에 아연동-합금 등을 주조한 쇠붙이를 사용하고 케이블 장력을 원활히 하여 확실하게 지지구조로 전달하기 위한 구조방법을 말한다.)

(나) 압축 고정(구조용 케이블의 단부에 압착한 쇠붙이를 사용하여 케이블 장력을 원활히 지지구조로 전달하기 위한 구조방법을 말한다.)

(다) 아이압축고정(구조용 케이블의 단부를 되짚어 해당 단부와 겹치는 구조용 케이블 부분을 통모양의 쇠붙이로 압착하여 형성한 루프를 사용하여 케이블 장력을 원활하고 확실하게 지지구조로 전달하기 위한 구조방법을 말한다.)

(3) 구조용 케이블의 교차부는 교점 쇠붙이에 의한 긴결, 피복 케이블의 사용 및 기타 구조용 케이블의 마찰에 의한 손상이 생기지 않기 위한 조치를 강구해야한다.

(4) 구조용 케이블의 단부 이외의 부분을 다른 구조용 케이블 또는 기둥, 기타 주위의 구조 내력상 주요한 부분으로 지탱하는 경우에는 해당 부분에 구조용 케이블 직경의 8배(해당 구조용 케이블의 응력상태 실황에 따라 구조계산에 의해 구조내력 상 안전하다는 것이 확실해졌을 경우는 4배) 이상의 곡률 반경을 가진 직경을 사용한다. 단, 가설 건축물의 경우에는 해당되지 않는다.

A3.2.1항은 구조내력상 주요한 부분에 사용하는 막면에 사용하는 구조용 케이블의 사양을 정하고 있다. 지정 건축 재료인 구조용 케이블로서 탄소강에는 JIS G 3525(와이어로프) – 1998, JIS G3546(이형선로프) – 2000, JIS G3549(구조용 와이어로프) – 2000, 스테인리스강에는 JIS G3550 (구조용 스테인리스강 와이어로프) – 2003이 있는데, 여기에서는 일반적으로 사용되고 있는 탄소강의 구조용 케이블에 대해 해설한다.

(1) 구조용 케이블의 비틀림은 꼬임 이상, 풀림 등의 하자가 발생하는 원인이 된다. 또한 꺾임은 소선의 단선, 꺾임 상태의 원인이 되는데, 이것들이 국부적으로 동시에 일어나지 않도록 Kink에 발생하는 흠집(소선의 단선, 소선의 튀어나옴, 꼬임 등)이 없는 것이 중요하다.

지정 건축재료인 구조용 케이블 기준(JIS, [표 A3.1.1] 참조)에서는 외관에 대해 전체에 걸쳐 찌그러짐, 흠집 등의 사용상 유해한 결함이 없어야 하며 케이블의 전장과 가설 시에는 특히 철상, 킨크, 형태가 무너지지 않도록 유의한다. 기타 케이블을 끌어당김으로써 아연도금의 마멸, 박리, 기타 방식용 피복재의 손실이 발생하는데, 이는 국부적인 부식 진행을 앞당기는 원인이 된다. [표 A3.1.1]에 주요 구조용 케이블의 손상 열화 현상 및 원인을 제시한다.

구조용 케이블에 극단적인 굽힘이나 비틀림을 주면 스트랜드 로프에서는 킨크 발생이나 심스트랜드의 튀어나옴, 스파이럴 로프나 록드 코일 로프에서는 외층 소선의 튀어나옴을 유발할 수 있다. 특히 킨크는 로프의 강도 저하로 이어지므로 구조용 케이블 가설 시 주의한다. 킨크가 생긴 와이어로프의 파단 하중의 최소율은 킨크의 정도에 따라 크게 다르지만 일반적으로는 다음과 같이 생각된다.

· 로프 꼬임이 강화되도록 꼬인 경우 : 20~45%
· 로프 꼬임이 느슨해지는 방향으로 꼬인 경우 : 35~60%

[표 A3.1.1] 구조용 케이블의 손상 열화

마모	접촉에 의한 마모(외부 마모, 내부 마모)
형태붕괴	로프 단면 형상의 변화(찌그러짐, 스트랜드의 이탈), 직선도(구부러짐, 넘실거림, 킨크, 휨), 체결상태(스트랜드 측선 / 로플의 심지금의 돌출), 뒤축의 변화(피치의 신축, 부동)
부식	내부 부식 / 외부 부식
소선의 단선	국부장력에 의한 인장, 비틀림, 전단에 의한 단선, 피로에 의한 단선, 찌그러짐, 외상, 마모, 부식에 의한 단선, 제조상 결함 등에 의한 단선 등

주) 킨크(kink) : 와이어로프 모양이 무너지는 것의 일종으로 로프가 뒤틀림과 풀림을 동시에 받고, 이로 인해 엉킴과 소성변형을 일으킨 상태를 말한다. 로프 취급시, 가설 시에 발생하기 쉽다.

(2) 단말부의 정착

구조내력상 주요한 부분에 이용하는 구조용 케이블의 단말부의 정착은 소켓고정, 압축고정, 아이압축고정 중 하나로 하는 것으로 하고 있다. 또한, 가설건축물에서는 기타 구조용 케이블 단말부의 존재응력의 전달에 지장이 없는 방법에 의할 수 있다고 하며, 일반적으로 이용되고 있는 그립고리(Grip Stopper)도 JIS B 2809(와이어 그립) - 1996년에 규정된 고정방법, 고정표준에 따라 사용할 수 있다.

(가) 소켓고정

소켓고정은 구조용 케이블의 종류에 관계없이 적용할 수 있으며 신뢰성이 높은 정착법이다. 소켓의 형태로서 로프 단말기의 보관 유지 방법에 따라 오픈형과 폐쇄형이 있다.

(나) 압축고정

압축고정은 와이어로프에 쇠붙이를 장착하고 쇠붙이를 강하게 눌러서, 쇠붙이 내면과 와이어로프 표면과의 접촉에 의해 정착력을 발휘하는 방법이므로 록드코일로프에는 적용하지 않는다. 스파이럴 로프에서도 구성 층수가 많아지면 층간의 소선 상호가 미끄러지기 때문에 충분한 접착력을 기대할 수 없으므로 일반적으로는 37개의 꼬임(1x37)까지가 적용범위로 여겨진다. 또한, 섬유심을 가지는 로프의 경우에는 교체심(프레스부의 섬유심을 절제하고 로프심을 삽입한다.)을 실시한 후 압축고정을 실시한다. 이 경우 효율은 공심(중심부에 측스트랜드와 동일한 구성의 강심을 갖는 것)과 동등하게 되어 있다.

(다) 아이압축고정

아이압축고정은 스트랜드 로프에만 적용되며 끝을 접어서 루프를 형성하여 알루미늄 합금이나 강철슬리브를 압축하여 정착하는 방법이다. 루프 내에는 JIS F 3403(리깅 스크류) - 2002에 규정된 데드아이심블(Dead-eye thimble) 등을 장착한다. 이 경우 JUS G3525(와이어로프) - 1998에 규정하는 섬유심이 삽입된 스트랜드 로프로서 로프(7x7 등)에 적용할 경우에는 작은 지름으로 접는 반복 작업이 어렵기 때문에 루프의 직경을 크게 하는 등의 조치가 필요하다.

A3.2.2 구조용 케이블의 초기장력

막면에 사용하는 구조용 케이블은 막면 및 구조 전체의 내력이나 강성을 확보하기 위해 사용되며, 그 초기장력은 필요한 내력이나 강성을 충분히 발휘시키기 위해 도입된다. 풍압력, 적설하중 등이 작용했을 때에 케이블 장력이 소실되면, 막면 및 구조 전체의 불안정 현상을 초래한다.

지지선, 리프팅 케이블 등에 이용하는 구조용 케이블도 마찬가지이며, 이들 구조용 케이블은 하중 및 외력이 작용한 경우에도 장력을 소실하지 않도록 초기 장력을 준다. 한편, 주로 폭풍시(바람)를 위한 누름케이블 등이 적설 시에 장력이 소실되는 때를 대비하여 안전이 확인된 경우는 이에 해당하지 않는다. 적설하중 등의 정적하중이 작용하여 케이블이 부분적으로 장력을 소실할 우려가 있는 경우에는 사전에 구조 전체의 안전성을 검토한다.

A4. 구조계산

A4.1 하중 및 외력

영 제3장 제8절 제2항에 규정되어 있는 하중 및 외력 외에 막면의 장기 하중으로서 초기 장력을 고려한 구조계산을 실시한다. 이 경우, 초기 장력, 고정하중, 활하중, 적설하중, 풍압력 등 하중마다 구조 계산하는 것이 아니라, 막구조에 동시에 작용하는 각 하중은 모두 가산하여 하는 것이 일반적이다. 또, 막면의 변형이란 상시(초기장력 및 고정 하중, 적재 하중, 장기 하중이 만들어 사용하고 있는 상태)의 형태로부터의 변형을 가리킨다.

(1) 풍압력

구조내력상 주요한 부분의 풍력계수는 평12건고 제1454호 제3항에 규정되어 있으나, 고시 제1에 규정하는 골조막 구조의 지붕면 형상(절단, 편류, 원호 지붕면) 이외의 형상으로 하는 경우는 유사한 형상의 수치에 준하여 정하는 외에 풍동시험 결과에 근거하여 정할 수 있다.

적절한 풍동시험 결과에 기초한 기술 자료(일본 건축 학회 "건축물 하중 지침·동해설"에서 정해진 풍력 보수 등)에서 설명하는 풍력 계수는 시험을 실시하고 산출한 것으로 취급할 수 있다 (2015년판 건축물 구조관계 기술기준 해설서).

막재면은 통상령 제87조에 규정의 풍압력을 적용하여 구조 계산되는데, 국부적인 안전성 검증으로서 제5조 제2항에서는 막재료에 의한 구조내력상 주요한 지붕면 및 외벽에 대하여, 닦는 지붕 재료용 또는 실외에 면하는 장벽용 풍압력(평12건고 제1458호)을 적용해서 안전성을 확인하는 것을 규정하고 있다. 주요한 막재면의 지점간 전면에 지붕장식재용 또는 옥외에 면하는 장벽용의 풍압력에 의해 막재료 및 정착부의 허용내력 등을 넘지 않는다는 점을 확인한다. 이 경우에는 막면의 변형제한(A4.2항)은 적용하지 않는다.

(2) 적설하중

지붕 막면의 적설 상태는 곡면 형상, 바람의 영향, 활설의 영향 등에 따라 다르다. 특히 막재면은 매끄럽고 활설이 생기기 쉬우므로, 국부적인 적설도 고려해 설계용 적설하중을 결정하는 것이 중요하다. 2014년 2월의 간토지방 등 폭설에 의한 피해를 입어 스팬이 크고 완만한 경사의 지붕에 대해 적설하중을 할증하도록 정해졌다(2007년 수교고 제594호 - 보유 수평 내력 계산 및 허용응력도 등 계산 방법의 결정). 막구조 건축물 및 다른 구조를 병용하는 건축물의 보유 수평 내력계산 및 허용응력도 등 계산의 방법은 본 고시에 규정되어 있으며, 이 고시에 해당되지 않는, 경간이 크고 완경사 지붕을 가진 막구조 건축물의 설계에 있어서는 추가적인 적설하중을 적절한 유의하여 이 고시의 규정을 참고한다.

(3) 온도하중

막재면의 온도 측정 예에서 일사입각이 높은 위치에서 막재료(백색인 것)의 표면 온도는 바깥 기온에서 추가 +10℃ 정도로 생각된다. 또, 막재의 외표면 온도가 49℃일 때, 내표면 온도가 49℃라는 측정 예(도쿄)도 있고, 막재의 앞뒷면은 재료 두께가 얇기 때문에 큰 차이가 없다고 생각할 수 있을 것이다. 한편, 실내 온도는 환기 횟수에 따라 큰 차이가 있다.

골조막 구조에서는 일반적으로 막재와 구조내력상 주요한 부분(철골프레임 등)은 연결접착부재를 설치하기 때문에 직접 접촉하는 경우는 적다. 따라서 철골프레임 등의 온도는 막 이면의 온도보다 낮다고 생각된다. 또 구조 내력상 주요한 철골골조가 상하현재로 구성되는 경우, 상현재가 막재면에 접촉하고 철골 하현재가 실내 온도와 같다고 가정해도 일반적으로는 상하현재의 온도차는 커지지 않는다.

구조용 케이블의 온도 변화에 관하여, 일사를 받는 옥외 케이블의 경우「건축구조 케이블 설계 시공 지침」에서 [표 A4.1.2]처럼 규정하고 있다.

[표 A4.1.2] 구조용 케이블의 온도 산출에 이용하는 재료온도

하중상태		온도하강	온도상승
상시 또는 지진시	일반지	-10℃-T_0	50℃-T_0
	한냉지	-30℃-T_0	50℃-T_0
폭풍시		−	35℃-T_0

T_0는 기준온도로, 일반적으로 설치시의 온도로 정의하고 있다. 폭풍시의 온도 변화에 대해서는 구조용 케이블의 온도상승에 의해 인장강성이 저하되어 변형량의 증대로 연결된다. 이는 내풍 설계상 위험하다고 생각되므로, 바람의 작용에 의한 구조용 케이블의 굴곡, 나아가 동적효과의 검토에 있어서는 폭풍시의 온도변화를 고려하는 것이 바람직하다.

옥내의 구조용 케이블에 대해서는 옥내 기온 변화량을 참고로 하지만, 막구조의 막면이 외부에 직접 접촉하고 있는 경우는 옥외 구조용 케이블로서 생각하면 안전한 상태가 된다고 생각해도 좋다.

A4.2 막재의 변형량

영 제82조 제2호의 표의 하중 및 외력에 대해 고려하는 상태에서 다음에 정하는 막구조의 형태에 따라 각각 아래에서 정하는 구조계산을 해야 한다.

(1) 막재의 지점 간 거리가 4m 이하인 막면 부분

영 제82조 제2호의 표의 단기에 발생하는 힘에 대해서 적설 및 폭풍 시(동표에 정하는 W에 대해서는 영 제87조에 규정하는 풍압력의 2분의 1에 상당하는 하중에 의해 해당 부분에 생긴다)의 막재 등의 부분 상시 상태로부터의 상대 변형량을 계산하고, 해당 변형량이 해당 막면의 지점간 거리의 각각 15분의 1 및 20분의 1 (막재 부분의 주위를 구조용 케이블에 정착시킨 경우 또는 해당 부분에 막재 필름을 사용하는 경우에는 모두 10분의 1) 이하임을 확인해야 한다.

(2) 막재의 지점간 거리가 4m를 넘는 막면 부분

영 제82조 제2호의 표의 단기에 발생하는 힘에 대하여 적설시 및 폭풍시의 막재료 등의 부분 상시 상태에서의 상대 변형량을 계산하여, 해당 변형량이 해당 막면에 누르는 지점 간 거리의 15분의 1(막재료 부분의 주위를 구조용 케이블에 정착시킨 경우 또는 해당 부분막 구조용 필름을 사용하는 경우에는 10분의 1) 이하임을 확인해야 한다.

막구조 재료 등이 부분 적설시 및 폭풍시의 변위 제한에 대해 규정하고 있다.

(1) 막재의 변형 제한

해당 항에서는 [표 A4.2.1]에 나타내는 바와 같이 막면의 변형량에 일정한 제한을 두고 있다. 그렇지만, 일반 구조재료에 비해 막재면의 변형량은 크고, 바람에 의한 진동, 흔들림도 발생할 수 있다. 구조설계는 이들을 바탕으로 막재면의 변형에 대해 정착부 등에서의 반복 접기나 마찰에 의해 쉽게 막재 등이 열화, 손상되지 않도록 하는 등의 고려가 필요하다.

[표 A4.2.1] 막재변형 제한

막재 지점간 거리	하중	최대변위량/지점간 거리	
		주변이 골조 (골조막구조)	주변의 일부가 케이블 경계 (케이블막구조)
4m 이하	적설 시	1/15 이하	1/10 이하
	폭풍 시 하중의 1/2	1/20 이하	1/10 이하
4m 초과	적설 시	1/15 이하	1/10 이하
	폭풍 시	1/15 이하	1/10 이하

막재의 변형량 제한은 바람에 의한 진동으로 인한 열화, 파손 등, 혹은 바람 또는 적설에 의한 막면의 대변형이 초래하는 예상할 수 없는 현상을 가능한 한 줄여야 하며, 마찬가지로 막면의 변형이 막구조 내부에서 재실자에 대한 불안감을 조성하지 않도록 하는 것 등을 고려하고 있다.

여기서 규정된 변형의 제한은 제시된 막 구조의 건축물의 규모, 형태의 범위 내에서 하나의 기준이며, 지금까지 구법에 의한 '특정 막구조 건축물 기술기준'에서 취급되었던 변형제한을 답습하고 있는 것이다. 이 범위라면, 막면의 변형에 따른 문제가 일반 막구조에서는 특별히 발생하지 않는다. 지점간 거리가 짧은 경우(4m이하), 변형이 다소 커도 구조적으로 큰 문제가 되지 않기 때문에 규정하는 풍하중의 1/2 상당의 풍압력으로의 변형량으로 하고 있다.

상시 상태에서의 상대 변형량이란 막재 주위에 구조용 케이블이 있는 경우에 변형된 구조용 케이블을 기준으로 그 사이의 막재의 변위를 말하며, 구조용 케이블에 대해서는 초기 상태로부터의 변형을 말한다.

(2) 가설건축물에서의 막재 변형의 제한

가설 건축물에 관해서는 해당 규정은 적용되지 않는다. 따라서 막재 변형량의 제한에 관해서 적용되지 않으나 건축물의 용도나 설치상황 등에 따라 지장이 없는 수치를 설정한다.

A4.3 막재 필름의 허용응력도 등

A4.3.1 막재 필름의 허용응력도

막재 필름 접착의 허용응력도는 [표 A4.3.1]의 수치에 따라야 한다.

[표 A4.3.1] 막재 필름의 허용응력도

		장기에 발생하는 힘에 대한 인장의 허용 응력도(N/mm²)	단기에 발생하는 힘에 대한 인장의 허용 응력도(N/mm²)
적설시 이외	접지 않을 경우	$\frac{F_1}{2}$	F_1
	접을 경우	$\frac{F_1}{2}$	$\frac{4F_1}{5}$
적설시	접지 않을 경우	$\frac{1.4F_1}{2}$	$\frac{4.5F_1}{5}$
	접을 경우	$\frac{1.4F_1}{2}$	$\frac{3.6F_1}{5}$

F_1: 제8장에 규정된 막재 필름의 롤 방향 및 직교 방향의 제1기준강도(N/mm²)

봉투형태의 막재 필름 내부의 공기압을 높임으로써 해당 막재에 장력을 도입하는 경우, 폭풍시의 구조계산을 할 때에는 [표 A4.3.2]의 단기 허용 인장응력도를 사용할 수 있다.

표 A4.3.2] 단기에 발생하는 힘에 대한 인장의 허용응력도

단기에 발생하는 힘에 대한 인장의 허용응력도
$\frac{6F_1}{5}$

F_1: 전호에 규정된 막재 필름의 롤 방향 및 직교 방향의 제1기준강도(N/mm²)

막재 등의 인장강도는 [표 A4.3.3]의 수치에 따라야 한다.

[표 A4.3.3] 막재 등의 인장강도

		인장강도(N/mm²)
막재료		생략
막재 필름	적설시 이외	F_2
	적설시	$\frac{6F_1}{5}$

F_1 : 전호에 규정된 막구조용 필름의 롤 방향 및 직교 방향의 제1기준강도(N/mm²)
F_2 : 막구조용 레일의 롤 방향 및 직교방향의 제2기준강도(N/mm²)

제6 제1항 제1호의 표에 규정하는 막재료의 각 방향의 기준강도, 동항 제2호의 표에 규정하는 막재 필름의 롤 방향 및 직교 방향의 제1기준강도 및 제7 제1호의 표에 규정하는 막재 필름의 롤 방향 및 직교방향의 제2기준강도는 그 품질에 따라 국토교통대신이 지정한 수치를 사용한다.

해설 *explanation*

막재 필름의 인장 허용응력도는 ETFE 필름의 항복점을 갖는 응력도-변형률 관계와 크리프 및 응력완화(릴랙세이션) 등의 점성거동, 쿠션방식의 구조특이성 등에 기초하여 정해져 있다. ETFE로 대표되는 불소수지 필름은 자외선에 의한 강도 저하가 거의 없기 때문에 옥외 노출 상태에서의 강도 저하는 생기기 어렵다. 불소수지 필름은 ETFE 외에도 여러 종류가 있다.

A4.3.2 막재 필름의 인장기준강도

막재 필름의 인장기준강도는 허용응력도 등의 수치의 기초가 되어 막구조의 안전성을 확보하기 위해 중요하다.

예를 들어 ETFE 필름에는 <그림 A4.3.1>과 같이 2개의 항복점이 있는데, 제1항복점과 제2항복점 사이에는 재료 경화를 수반한 안정적인 2차 구배를 가진다. ETFE 필름의 제1기준강도는 제1항복점, 제2기준강도는 제2항복점의 물성치를 의미하며, 동시에 쿠션 방식에서 허용할 수 있는 소성변형의 크기를 고려하여 결정된다. 고시의 구조계산에서는 원칙적으로 막재료의 모든 부분에서 허용응력도 등의 수치를 만족하고 있음을 확인함으로써 구조안전성을 판단하고 있으므로, 지정 건축재료로서의 인정을 받은 막재 필름에 대해서 제8의 규정에 따라 지정되는 기준강도의 수치는 제조회사가 지금까지의 제품에 대한 강도기록, 불균형 등을 고려하여 정하는 최소치(보증치)이어야 한다. 제조회사가 막재 필름의 제조상 강도 편차를 고려하는 경우의 하나의 개념으로서, 각 로트(Lot)에서 인장강도 시험에 있어서의 시험편을 20장 이상으로 하고 신장율 2.5% 및 10%시 응력의 평균치보다 표준편차의 3배의 수치를 공제한 수치로 하는 방법이 있다.

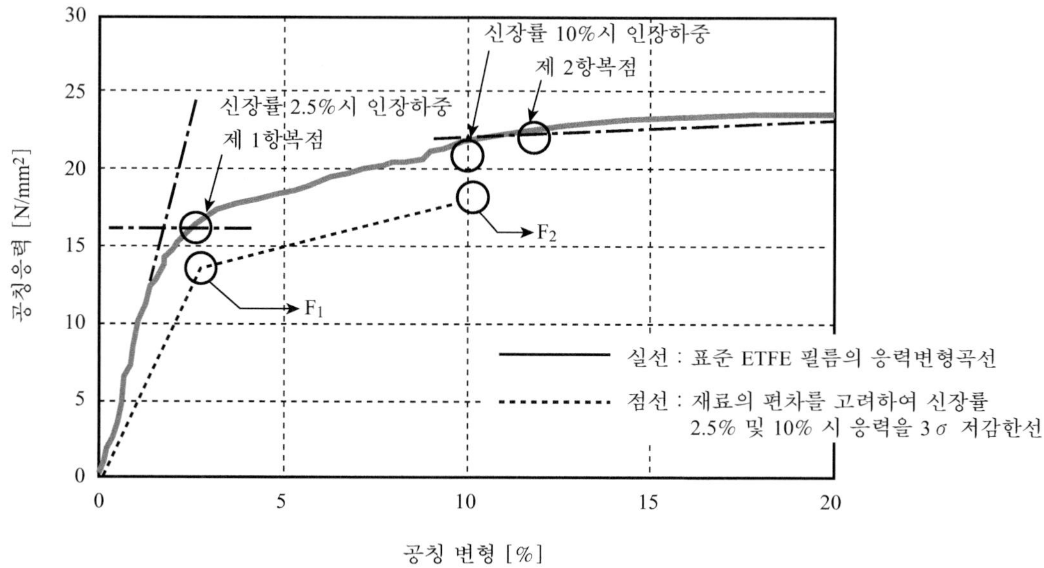

<그림 A4.3.1> ETFE 필름의 응력-변형도 관계

A4.3.3 강도지정이 필요한 막재 필름

고시 범위 내에서 사용할 수 있는 막재 필름은 제2 제2항 제3호에 규정된 ETFE 필름에 한정되며, 해당 필름에 대해서는 제8의 규정에 따른 기준강도의 지정을 받아야 한다.

기타 필름의 사용이 가능하게 되는 것은 개별 프로젝트별로 대거 인정을 취득한 건축물, 또는 가설건축물의 경우이다.

A4.3.4 장기 및 적설 시의 허용응력도

막재 필름에는 텐션방식인 경우 자중 및 초기장력, 쿠션방식인 경우 자중 및 공기압이 상시 작용하는 하중이 된다. 또 적설하중도 계속적으로 작용하는 하중으로 고려할 필요가 있다. 막재 필름은 제1항복점의 1/2 응력에서는 크리프가 약간 발생하지만, 제1항복점을 넘는 응력에서는 크리프가 크게 발생한다. 다설 구역에서는 수개월에 걸친 하중, 일반구역에서는 수일에 걸친 하중을 상정하여 크리프 변형이 지장이 없는 정도가 되도록, 적설시와 그 외 경우의 허용응력도를 별도로 지정하고 있다. 불소수지 필름은 필름과 눈 사이에 수분이 존재하면 매우 미끄럽기 때문에 경사가 작더라도 활설이 생긴다. 지붕이 골짜기 부분을 가진 형상인 경우 등에는 활설에 의한 하중의 불균형분포를 고려할 필요가 있다.

A4.3.5 쿠션방식의 허용응력도

쿠션방식은 항복점을 넘는 응력에 의해 소성변형을 일으키며, 쿠션의 외막 상승, 내막의 Sag가 증가한다. 공기압을 이용하지 않을 경우에는 소성변형의 발생은 초기장력의 저하나 막면의 느슨함으로 이어지므로 응력도가 항복점을 넘지 않도록 해야 한다. 한편, 쿠션방식은 부상이나 Sag의 증가에 의해 필름이 다른 부재에 접촉하지 않고 건축 외장의 관점에서도 지장이 없는 경우에는 소성변형을 허용하여 설계가 가능하다. ETFE 필름은 인장력에 대해서 제1항복점과 제2항복점의 사이에 재료경화를 수반하는 안정적인 거동을 나타내기 때문에 쿠션 방식의 폭풍시 허용응력도는 제1기준강도의 1.2배로 하고 있다.

A4.3.6 막재 접음

접는 경우란 지붕면 또는 벽면을 움직이도록, 막재 필름을 접어서 움직이는 경우를 말한다. 가동에 의한 막재면의 반복 접기는 접히는 부분의 강도 저하를 생각할 수 있으므로, 1일에 1~2회 정도의 평상시 개폐를 가정해 막재의 허용 응력도를 설정하고 있다. 쿠션방식으로 쿠션 자체를 접을 경우에는 일단 내부의 공기를 빼고 나서, 혹은 공기를 뽑으면서 접어서 공기압 및 접이식 기구의 제어를 동시에 하는 등 복잡한 설비설계가 필요하며, 안전성을 확인할 필요가 있다. 또한, 쿠션을 접을 경우의 허용응력도 설정이 되어있지 않기 때문에 개별 프로그램마다 인증 과정을 취득해야 한다.

A4.4 막재 정착부의 허용응력도

막재 정착부의 허용 인장응력도는 다음에 열거한다.

(1) 막재 정착부의 허용 인장응력도는 [표 A4.4.1]에 열거하는 허용 내력을 막재 정착부의 종류 및 형상에 따라 구한 유효단면적으로 나눈 수치(막재 필름을 사용하는 경우에 있어, 구조계산을 할 때에는, 해당 수치 또는 전항 제 2호의 규정에 의한 허용 인장응력도의 작은 수치)에 의하여야 한다.

[표 A4.4.1] 막재 정착부의 허용 인장내력

		장기에 발생하는 힘에 대한 허용인장내력(N)	단기에 발생하는 힘에 대한 허용인장내력(N)
막재료		$F_j/6$	$F_j/3$
막재 필름	적설시 외	$F_{fj}/3$	$2F_{fj}/3$
	적설시	$1.4F_{fj}/3$	$1.8F_{fj}/3$

F_j : 막재 정착부 실황에 따른 유사 막재 필름 인장시험을 통해 구한 인장강도(N)
F_{fj} : 막재 정착부 실황에 따른 유사 막재 필름 인장시험을 통해 구한 인장강도(N)

(2) 주머니 모양의 쿠션방식에서 막재 필름 내부의 공기압을 높임으로써 막재 필름에 장력을 도입하는 경우는, 폭풍시의 구조계산에서 단기 정착부 인장의 허용응력도를 [표 A4.4.2]의 허용내력을 막재 정착부의 종류 및 형상에 따라 구한 유효단면적으로 나눈 수치로 할 수 있다.

[표 A4.4.2] 막재 필름 쿠션구조의 인장 허용내력

단기 허용인장내력(N)
$2.4F_{fj}/3$

F_{fj} : 전호에 규정된 막재 필름의 정착부 실황에 따른 유사 인장시험을 통해 구한 인장강도(N)

막재 정착부의 인장강도는 [표 A4.4.3]에 열거하는 종국내력을 막재 정착부의 종류 및 형상에 따라 구한 유효단면적으로 나눈 수치(막재 필름을 사용하는 경우의 구조계산을 함에 있어서는 당해 수치 또는 전 호의 규정에 따른 인장의 재료강도 중 작은 수치)를 사용한다.

[표 A4.4.3] 막재 정착부의 인장강도

	인장에서의 종국내력
막재료	$F_j/3$
막재 필름	$2.5F_j/3$

F_j : 막재료의 막재 정착부의 실황에 따라 유사한 인장 시험을 통해 구한 인장강도(N)
F_{fj} : 막재 필름의 막재 정착부의 실황에 따라 유사한 인장 시험을 통해 구한 인장강도(N)

해설 *explanation*

여기서 말하는 막재 정착부란 막구조의 타 구조부재로의 정착부를 가리킨다. 막재 정착부의 인장 허용응력도, 인장강도는 정착부의 실황에 따른 시험에서 구한 인장강도에 근거하여 소정의 안전률을 이용하여 계산한 허용내력, 종국내력의 수치를 '유효단면적으로 나눈 수치'에 의한다고 되어 있으나, 실용상으로는 정착부의 길이 당 인장내력을 그대로 사용하여 구조를 계산할 수 있다. 막재 정착부는 접착방식에 따라 다양한 사양이 있으며 계산에 따라 일률적으로 허용내력이나 종국내력을 정하기 어렵다. 그 때문에 정착부에 대해서는 실제 정착부 상황에 따른 3개 이상의 시험체를 이용한 인장시험을 실시하고, 그 평균치를 정착부의 인장강도로 한다.

A4.5 기타 재료의 허용응력도(구조용 케이블)

막구조의 건축물에 사용하는 재료 중 막재료 및 정착부 이외에 관해서는 통상의 철골조나 철근콘크리트조에 사용하는 강재, 콘크리트, 철근 기타 재료와 같은 허용응력도 등의 수치로서 영 제3장 제8절 제3항 및 제4항의 규정에 의하는 것으로 되어 있다. 이들 중, 막구조와 조합하여 자주 이용되는 내용은 구조용 케이블과 관련한 내용이다.

강재 등의 허용응력도는 [표 A4.5.1] 또는 [표 A4.5.2]의 수치여야 한다.

[표 A4.5.1] 강재 등의 허용응력도

<table>
<tr><th colspan="2" rowspan="2">허용응력도
종류</th><th colspan="4">장기하중에 대한 허용응력도(N/mm²)</th><th colspan="4">단기하중에 대한 허용응력도(N/mm²)</th></tr>
<tr><th>압축</th><th>인장</th><th>굽힘</th><th>전단</th><th>압축</th><th>인장</th><th>굽힘</th><th>전단</th></tr>
<tr><td colspan="2">생략</td><td>생략</td><td>생략</td><td>생략</td><td>생략</td><td colspan="4" rowspan="5">장기적으로 생기는 힘에 대한 압축, 인장, 굽힘 또는 전단허용응력도 각 수치의 1.5배로 한다.</td></tr>
<tr><td>탄소강</td><td>구조용 케이블</td><td>-</td><td>$\frac{F}{1.5}$</td><td>-</td><td>-</td></tr>
<tr><td colspan="2">생략</td><td>생략</td><td>생략</td><td>생략</td><td>생략</td></tr>
<tr><td>스테인리스강</td><td>구조용 케이블</td><td>-</td><td>$\frac{F}{1.5}$</td><td>-</td><td>-</td></tr>
<tr><td colspan="2">생략</td><td>생략</td><td>생략</td><td>생략</td><td>생략</td></tr>
</table>

F : 강재 등의 종류 및 품질에 따라 국토교통대신이 정하는 기준강도(N/mm²)

[표 A4.5.2] 강재 등의 재료강도

<table>
<tr><th colspan="2" rowspan="2">종류</th><th colspan="4">재료강도 (단위 N/mm²)</th></tr>
<tr><th>압축</th><th>인장</th><th>굽힘</th><th>전단</th></tr>
<tr><td colspan="2">생략</td><td>생략</td><td>생략</td><td>생략</td><td>생략</td></tr>
<tr><td>탄소강</td><td>구조용케이블</td><td>-</td><td>F</td><td>-</td><td>-</td></tr>
<tr><td colspan="2">생략</td><td>생략</td><td>생략</td><td>생략</td><td>생략</td></tr>
<tr><td>스테인리스강</td><td>구조용케이블</td><td>-</td><td>F</td><td>-</td><td>-</td></tr>
<tr><td colspan="2">생략</td><td>생략</td><td>생략</td><td>생략</td><td>생략</td></tr>
</table>

F : [표 A4.5.1] 에서 규정하는 기준강도(N/mm²)

A5. 구조계산의 예

A5.1 막구조용 필름의 텐션방식

(1) 구조설계 개요

(가) 건축물 개요

[표 A5.1.1] 건축물 개요

건설장소	사가 현
용도	차 대는 곳
건축면적	76m²
막구조 면적	76m²
층수	1층
최고높이	4.345m
처마높이	3.285m

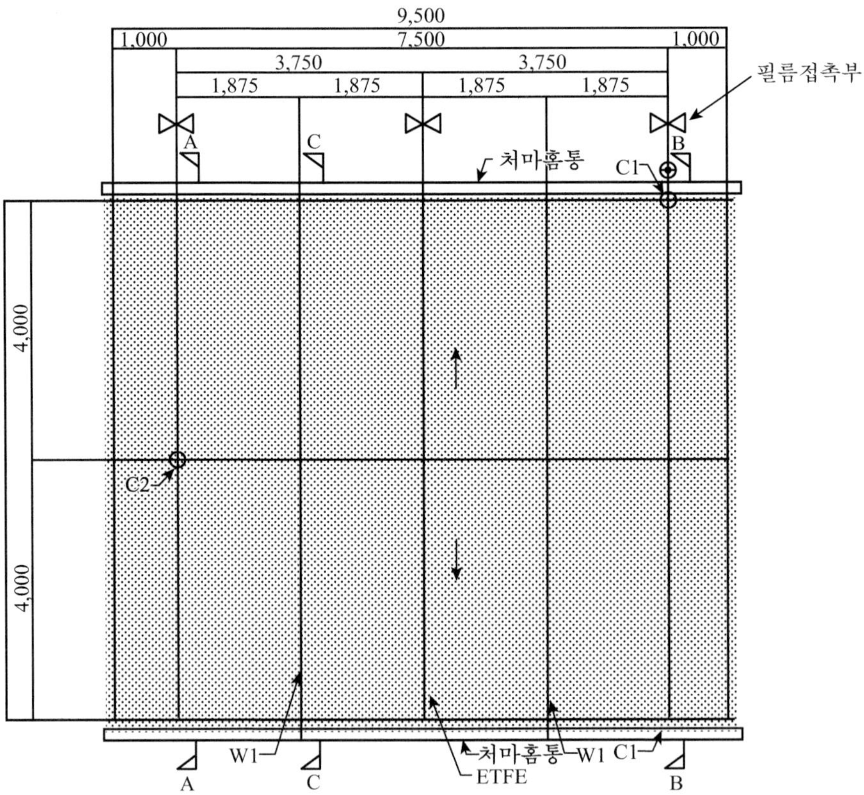

〈그림 A5.1.1〉 지붕계획도(mm)

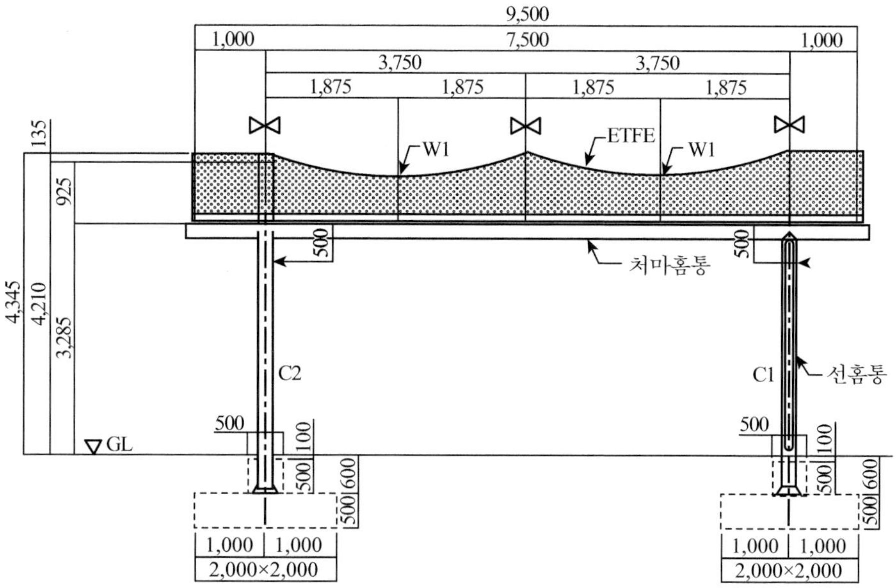

〈그림 A5.1.2〉 입면도(mm)

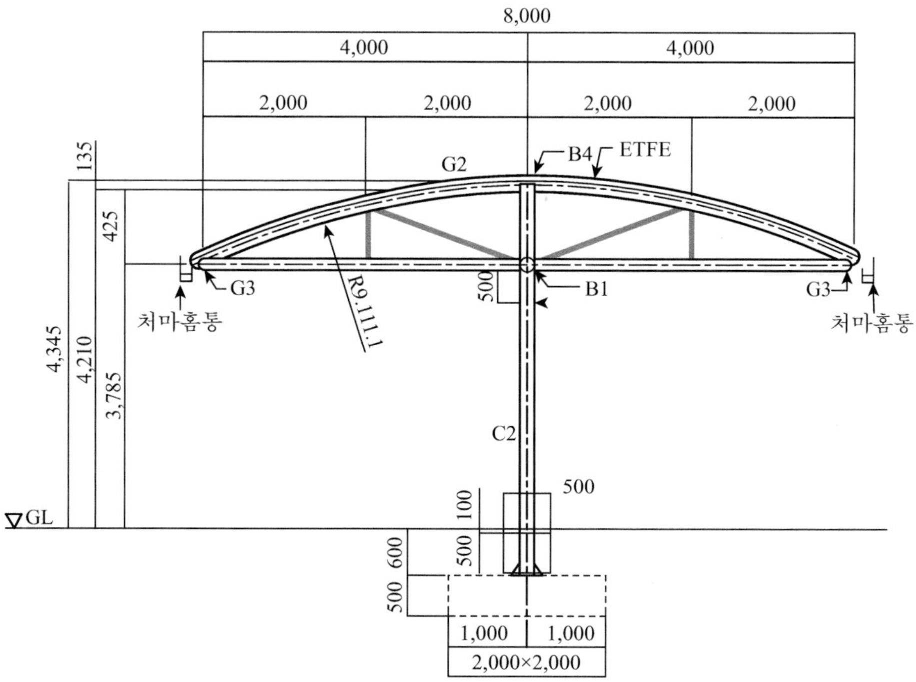

〈그림 A5.1.3〉 A-A 단면도(mm)

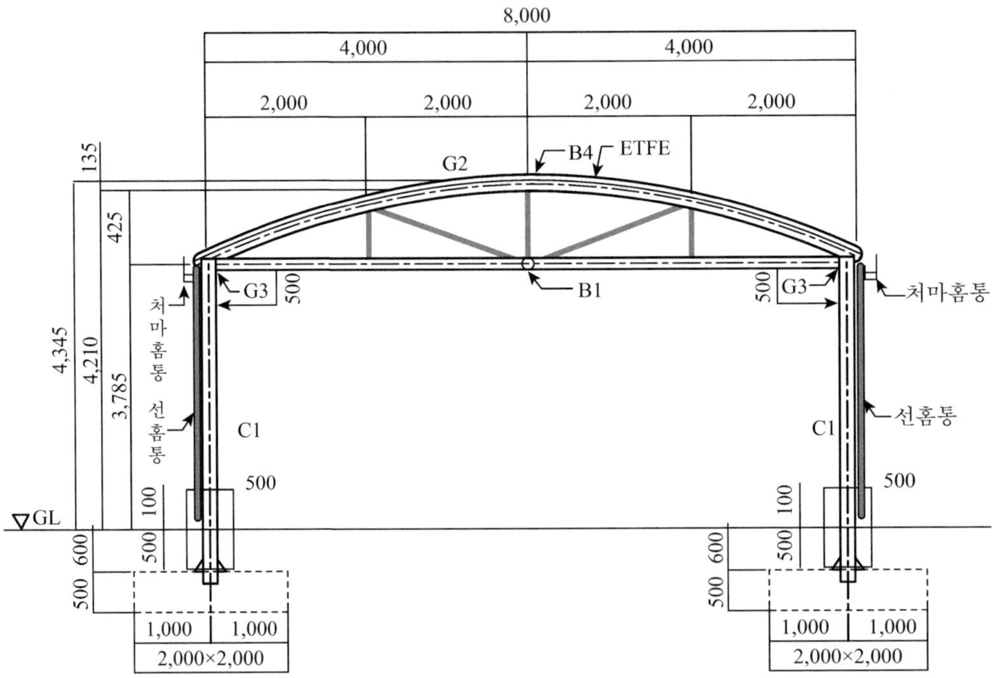

〈그림 A5.1.4〉 B-B 단면도(mm)

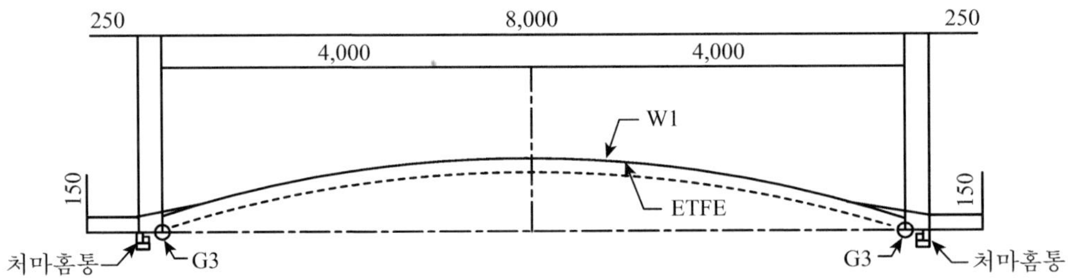

〈그림 A5.1.5〉 C-C 단면도(mm)

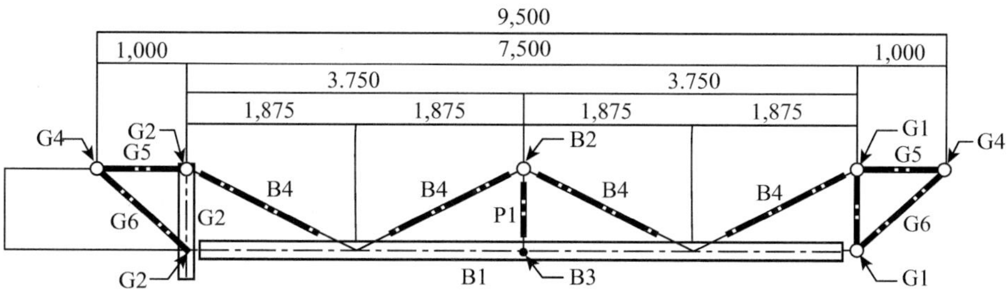

〈그림 A5.1.6〉 D-D 단면도(mm)

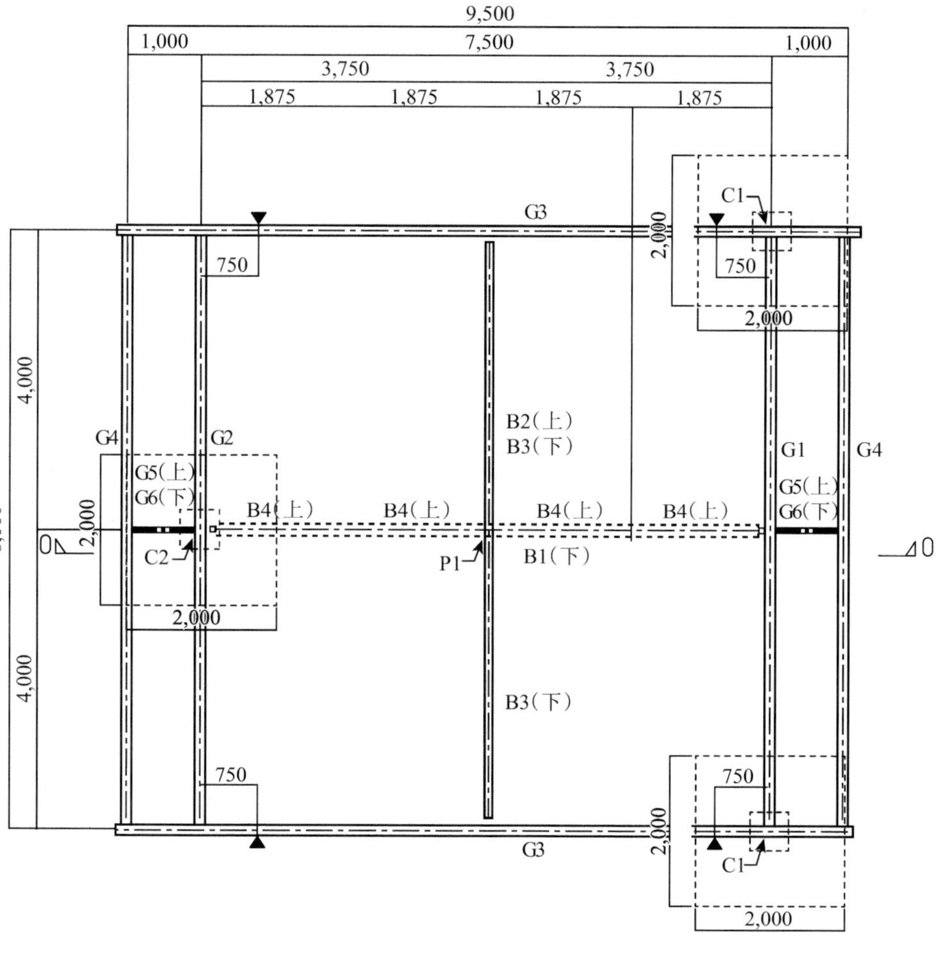

〈그림 A5.1.7〉 지붕계획도(mm)

(나) 건물사양

· 기둥 · 보 · 철근 · 지붕: ETFE 필름 (막재 필름)

(다) 구조개요

· 구조종별 : 골조막 구조
· 골조는 철골 수평구조물로, 스팬/도리 방향 모두 독립 기둥 구조로 한다.
· 주각은 완전 강접합으로 하여 해석할 때 고정한다.
· 기초는 독립기초로 한다.

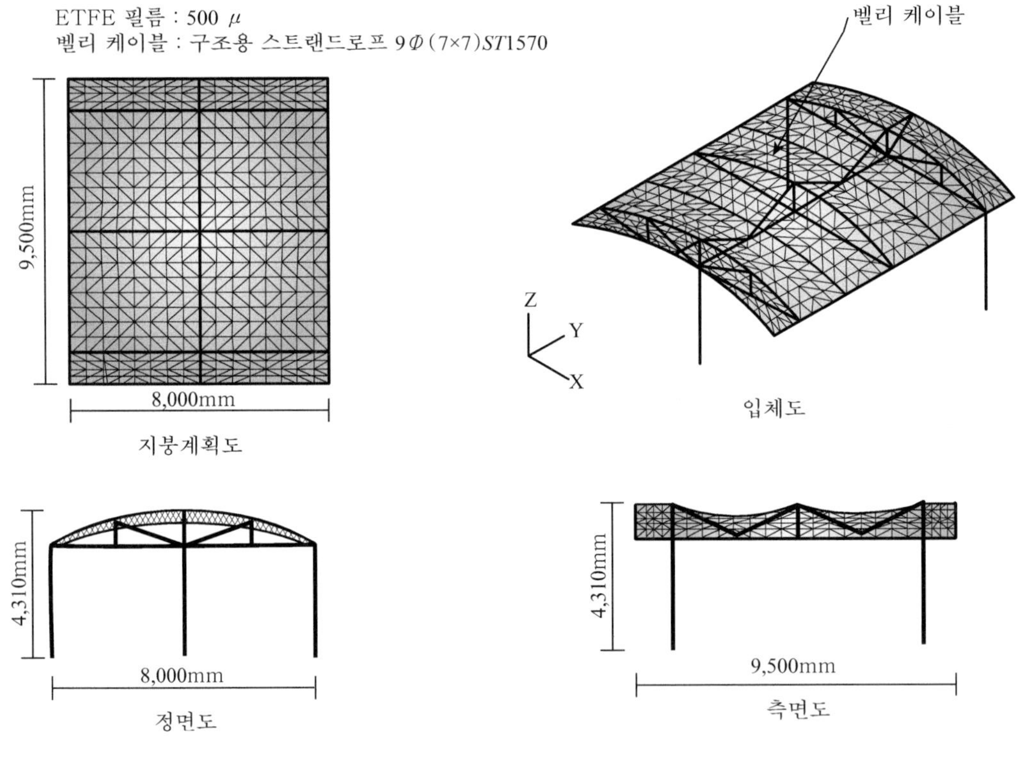

〈그림 A5.1.8〉 구조 모형

(2) 지붕면 구조계획

본 건축물은 철퇴 아치 프레임에 ETFE 필름을 부착하고 아치 사이에 밸리(Valley) 케이블을 설치한 구성으로 되어 있다. 지붕면은 풍압력(바람)에 대해서 주로 밸리 케이블 및 ETFE 필름이 저항하고, 적설하중에 대해서는 주로 ETFE 필름 구조가 저항한다. 지붕의 형태는 ETFE에 도입하는 초기 장력에 의한 등장력 곡면으로 하고 있다. ETFE 필름면과 구조용 케이블은 정착되지 않으며 접촉상태이기 때문에 구조용 케이블에는 폴리에틸렌 피복을 입히고 ETFE 필름 면에는 보강 천을 부착했다. 또, 구조 해석 모델에서는 ETFE 필름과 케이블의 절점을 공유시키고 있다.

(3) 사용재료와 재료의 허용 응력도 등

[표 A5.1.2] ETFE 필름의 허용인장응력도(하단: 단위 폭 당 환산치, 허용 장력)

평14국교고 제 666호 제6

재료명	두께	제1기준강도 (F_1)	장기 ($F_1/2$)	단기간 ($4.5F_1/5$)	단기(적설시제외) (F_1)
ETFE 필름	500μm	14	7	12.6	14
		7000	3500	6300	7000

[표 A5.1.3] 구조용 케이블 허용 인장 응력도(환산치)

평12건고제 2464호

구조용 스트랜드 로프	사용부위	기준강도	장기	단기
7×7 9Φ ST1570	밸리케이블	27.85	18.57	27.85

[표 A5.1.4] ETFE 필름 정착부 허용 응력도

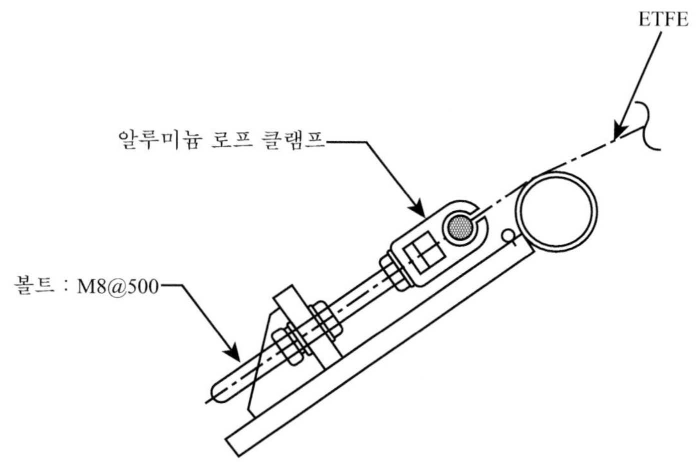

〈그림 A5.1.9〉 필름정착부

(4) 설계 하중

(가) 하중

(a) 고정하중(자중) DL

· ETFE 필름 : 8.6N/m

· 케이블 : 단위중량 구조용 스트랜드 로프 Ø9 3.21N/m

· 철골 : 자중상당 (계 : 21.97kN)

(b) 활하중

· 없음

(c) 초기장력 IL

초기장력이란, ETFE 필름 및 케이블 각각의 자중하에 있어 안정된 형태로 얻을 수 있는 초기 형태 결정시의 ETFE 필름과 케이블의 응력을 나타낸다.

[표 A5.1.5] ETFE 필름 및 케이블의 초기하중

ETFE 필름	1.5kN/m
케이블	3.4kN

(d) 적설하중 SL

· Ws = d × W = 25 × 20 = 500(N/m²)

(Ws : 적설하중, d : 수직적설량 25cm, W : 눈의 단위 하중)

$SL1$ 전면등분포
전면 : 500×1.0=500N/m^2

$SL2$ 편분포
곡부 : 500×1.5=750N/m^2
산부 : 500×0.5=250N/m^2
단부 : 500×1.0=500N/m^2

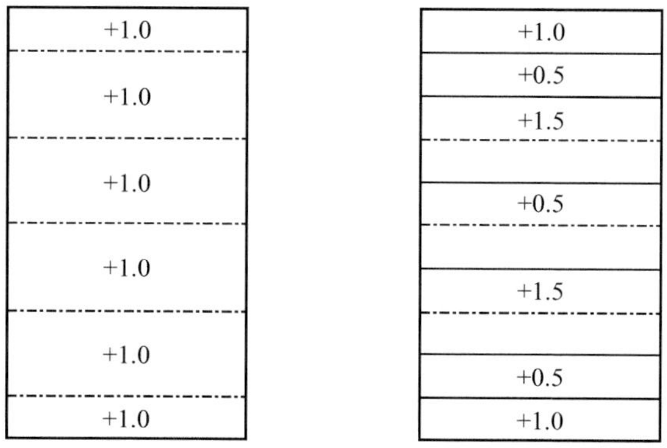

〈그림 A5.1.10〉 적설하중

(e) 풍압력 WL

ETFE 필름의 구조해석에는, 영 제 87조에 규정되는 풍압력(구조재용) 및 영 제 82조의 4에 규정된 풍압력을 모두 이용하여 실시한다.

· 구조재용 $WL = q \times Cf$

· 지붕이음재용 $Wlmem = \bar{q} \times \hat{Cf}$

(q : 속도압, Cf : 풍력계수, $\bar{q}$: 평균속도압, $\hat{Cf}$: 피크풍력계수)

· 속도압(速度圧)

[표 A5.1.6] 속도압

		구조재용 q	지붕재용 $\bar{q}$
기준 풍속	V_0	34m/s	
	H	4.35m	
지표면 조도 구분		III	
	Z_b	5m	
	Z_G	450m	
	α	0.2	
가스트 영향 계수	G_f	2.500	-
높이 분포 계수	Er	$1.7(H/Z_G)^{\alpha} = 0.691\ (H > Z_b)$	
	E	$Er^2 \times G_f = 0.691^2 \times 2.5 = 1.194$	-
속도압·평균속도압		$q = 0.6 \times E \times V_0^2 = 828N/m^2$	$\bar{q} = 0.6 \times Er^2 \times V_0^2 = 311N/m^2$

· 풍력계수(風力係数)

구조재용풍력계수(Cf) (독립상옥으로설정)

속도압 q = 828(N/m^2)

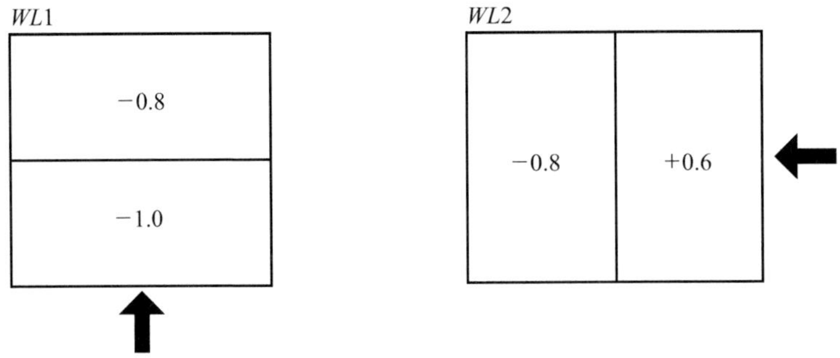

〈그림 5.1.11〉 풍력계수

WL1에 대해서는 ETFE 필름의 변형량 판정용으로 1/2 하중으로의 해석도 한다.(1/2 WL1)

· 지붕이음재용 풍력계수 $\hat{Cf}$ (피크풍력계수)

· 평균속도압 $\bar{q}$ = 311(N/m^2)

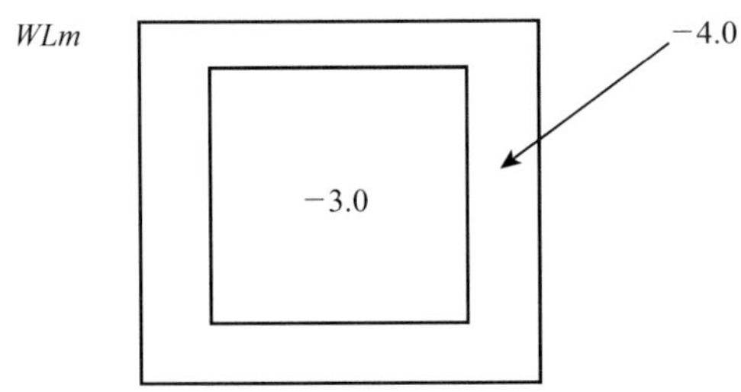

〈그림 A5.1.12〉 피크풍력계수

(f) 조합하중

[표 A5.1.7] 하중조합

응력	하중 및 외력에 대하여 상정하는 상태		하중조합	하중케이스	편고
장기	상시		DL+IL	CASE1	
단기	적설시	전면	DL+IL+SL1	CASE2	
		편분포	DL+IL+SL2	CASE3	
	폭풍시	풍압력1	DL+IL+WL1	CASE4	
		풍압력2	DL+IL+WL2	CASE5	
		1/2풍압력1	DL+IL+WL1/2	CASE6	필름변형만
	지붕재용 풍압력		DL+IL+WLm	CASE7	필름/케이블

고정하중(DL), 초기장력(IL), 적설하중(SL), 풍압력(WL)

(5) 구조해석

※ 구조해석상에 있는 가정이나 해석 프로그램에 대해서는, 계산 예2 참조.

(가) 해석모형

(a) 모델그림

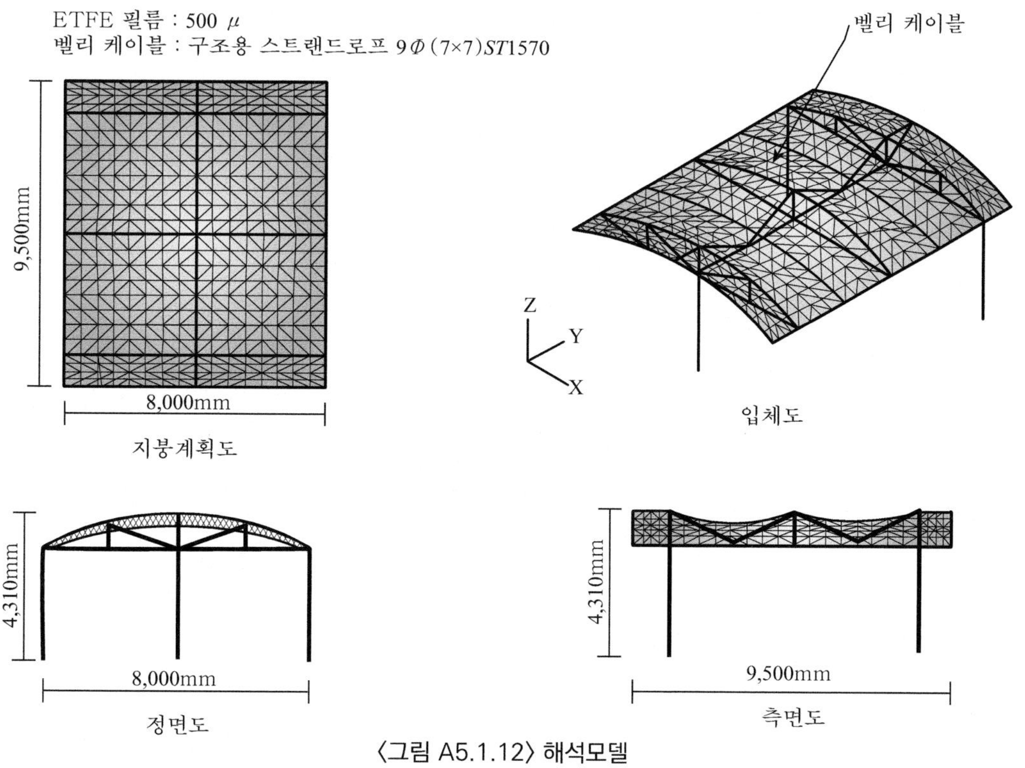

〈그림 A5.1.12〉 해석모델

(b) 프레임부재

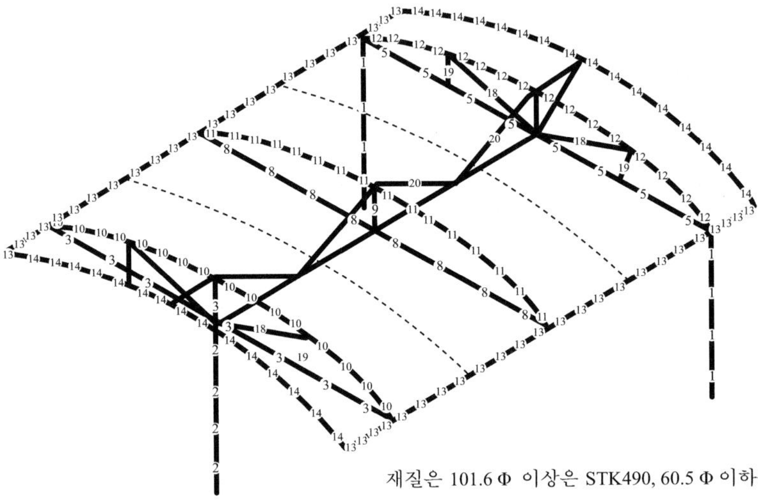

1 (C1) P-165.2×7.1
2 (C2) P-165.2×7.1
3 (C2) P-165.2×7.1
4 (B1) P-139.8×5.5
5 (G1 下弦) P-101.6×5.7
6 (G1 束中央) P-48.6×3.2
7 (G2 下弦) P-101.6×5.7
8 (B3) P-60.5×3.2
10 (G2 上弦) P-101.6×5.7
11 (B2) P-101.6×5.7
12 (G1 上弦) P-101.6×5.7
13 (G3) P-139.8×6.6
14 (G4) P-101.6×5.7
15 (G5) P-48.5×3.2
16 (G6) P-48.5×3.2
18 (G1G2 ?材) P-48.5×3.2
19 (G1G2 側束) P-48.5×3.2
20 (B4) P-60.5×3.2

재질은 101.6 Φ 이상은 STK490, 60.5 Φ 이하는 STK400을 사용함.

〈그림 A5.1.13〉 부재배치도

(c) 부재단조건

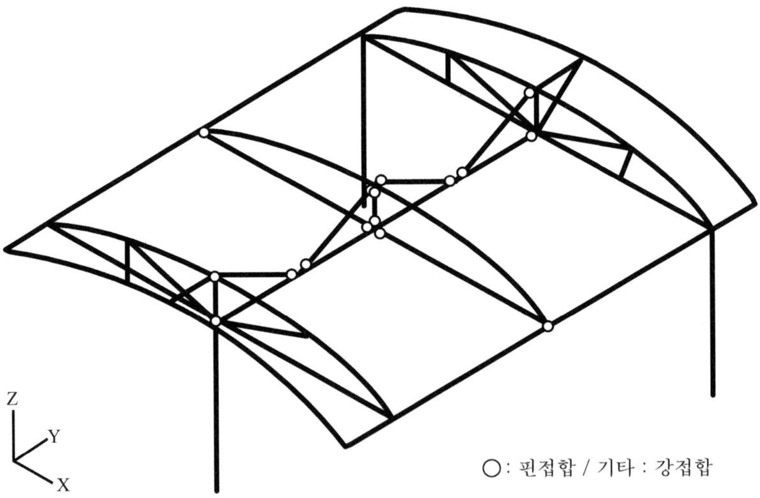

○ : 핀접합 / 기타 : 강접합

〈그림 A5.1.14〉 접합조건

(d) 경계조건

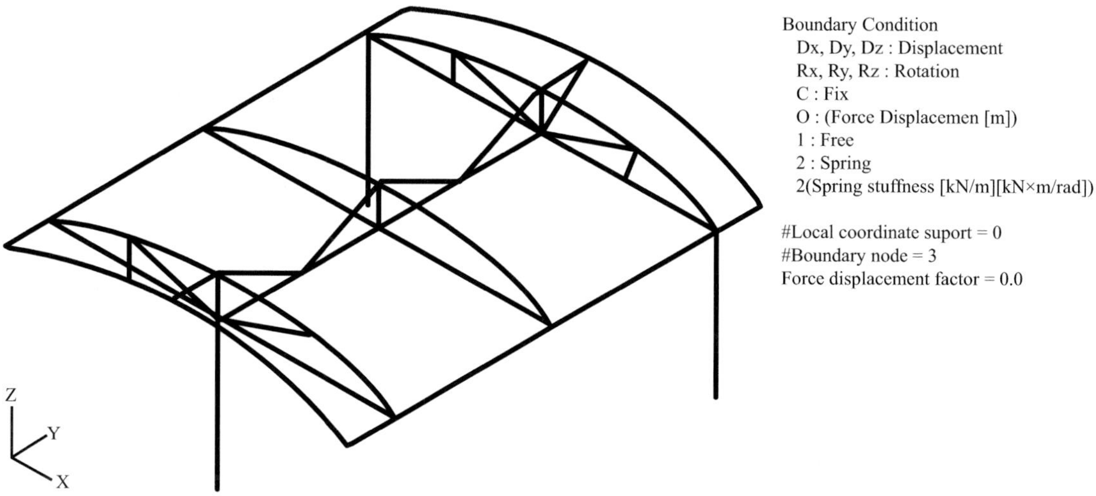

620, 625, 616의 절점을 회전 및 이동구속의 고정받침으로 한다.

〈그림 A5.1.15〉 경계조건

(e) 입력데이터

· ETFE 필름

[표 A5.1.8] ETFE 필름

인장탄성률 (N/mm²)	전단탄성률 (N/mm²)	프아송비	자중(N/mm²) 500μm
640	220	0.45	8.6

· 철골

[표 A5.1.9] 철골

재료	영 계수 (N/mm²)	전단탄성계수 (N/mm²)	프아송비	비중
강재	205000	79000	0.3	7.85

· 구조용 케이블

[표 A5.1.10] 구조용 케이블

재료명	단면적	탄성계수 (N/mm²)	자중
구조용 스트랜드 로프 9Ø ST1570	39.4mm²	137000	3.21N/m 0.329kgf/m

(나) 해석결과

(a) 응력도

· ETFE 필름 응력도

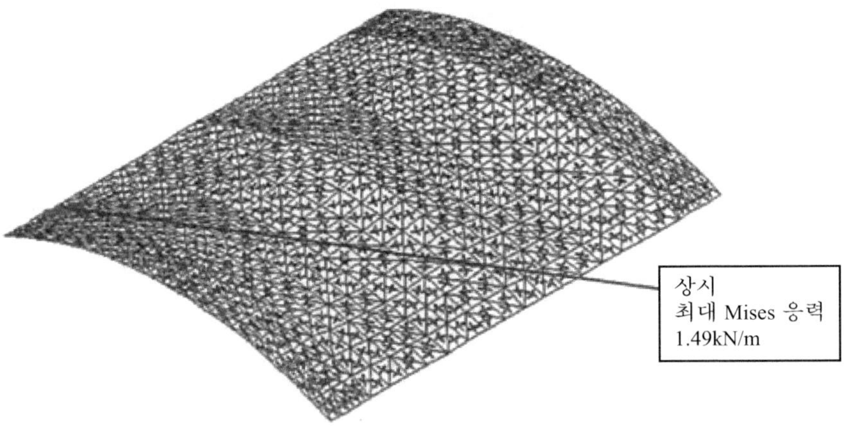

〈그림 A5.1.16〉 응력도 상시(CASE 1)

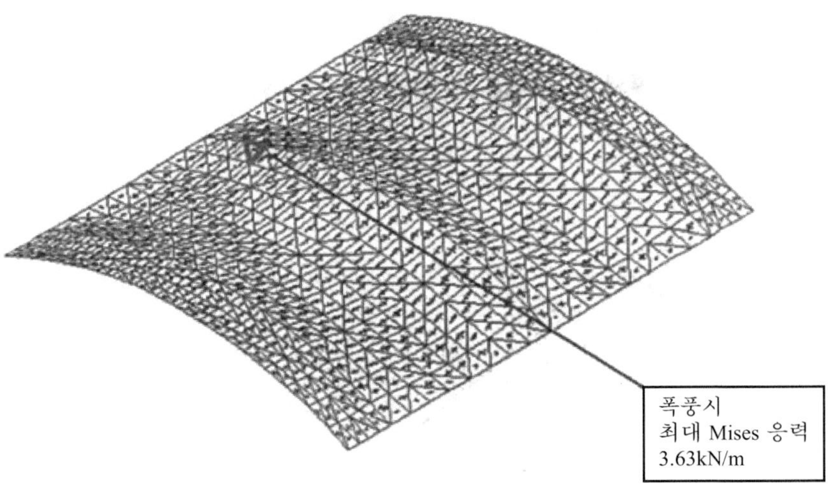

〈그림 A5.1.17〉 적설시 편분포(CASE 6)

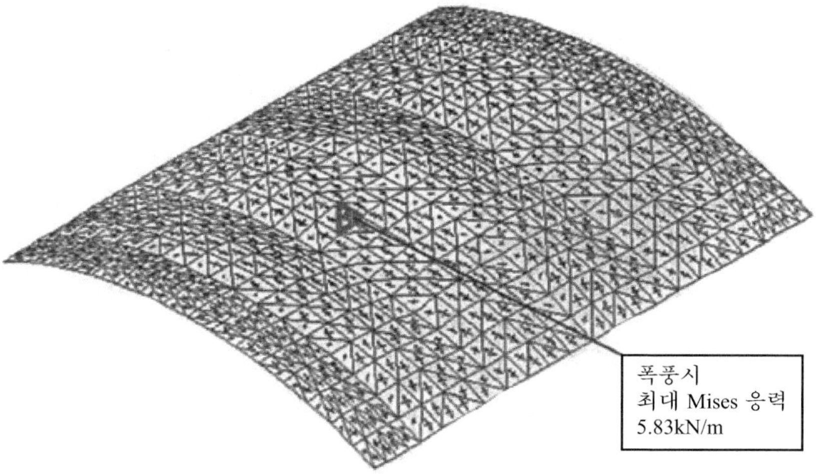

〈그림 A5.1.18〉 폭풍시 지붕덮개용 풍압력(CASE 7)

· 케이블 응력도

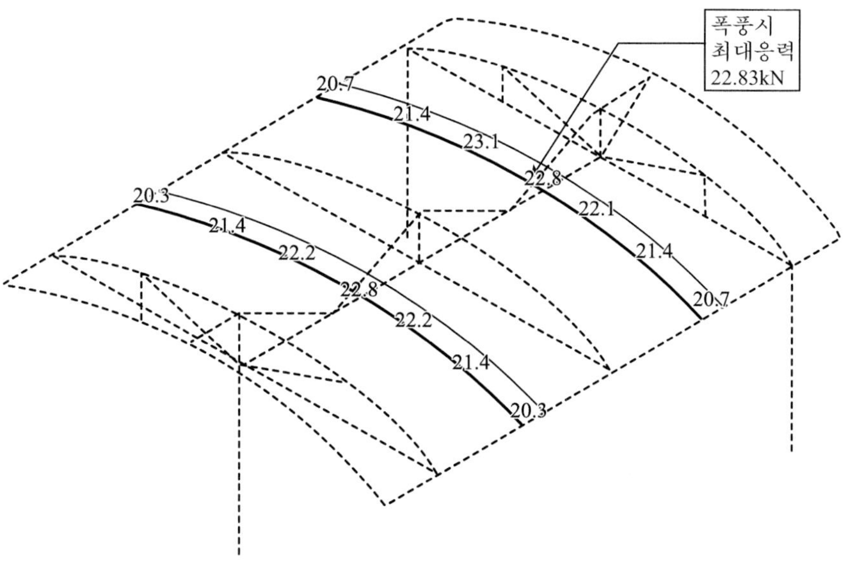

〈그림 A5.1.19〉 폭풍시 지붕 덮개용 풍압력(CASE 7)

(b) 변형도

· ETFE 필름 변형도

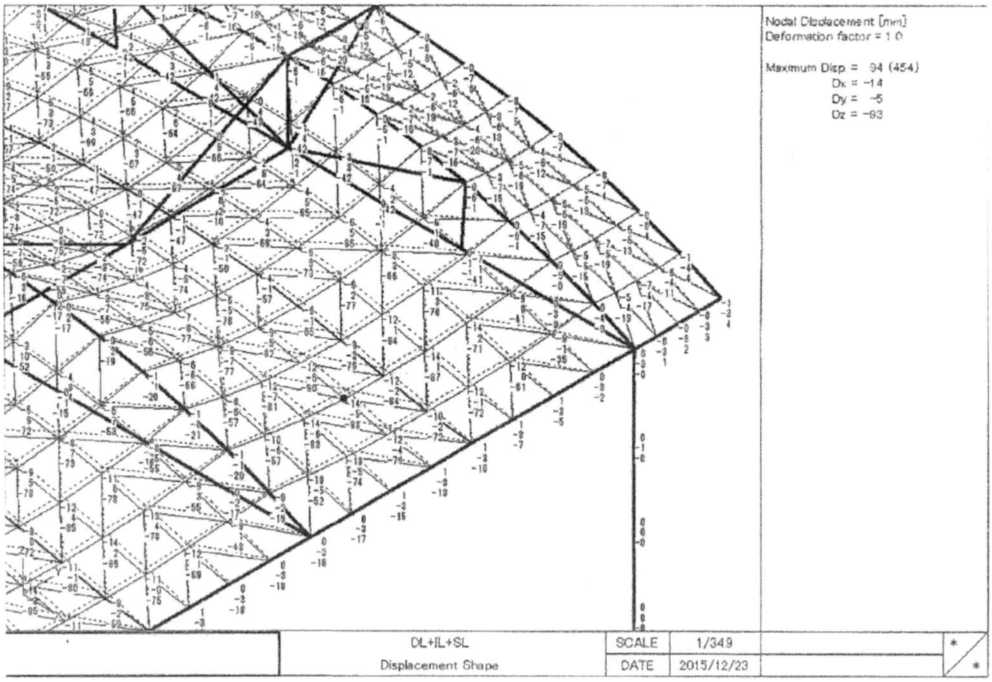

〈그림 A5.1.20〉 적설시 전면(CASE 4)

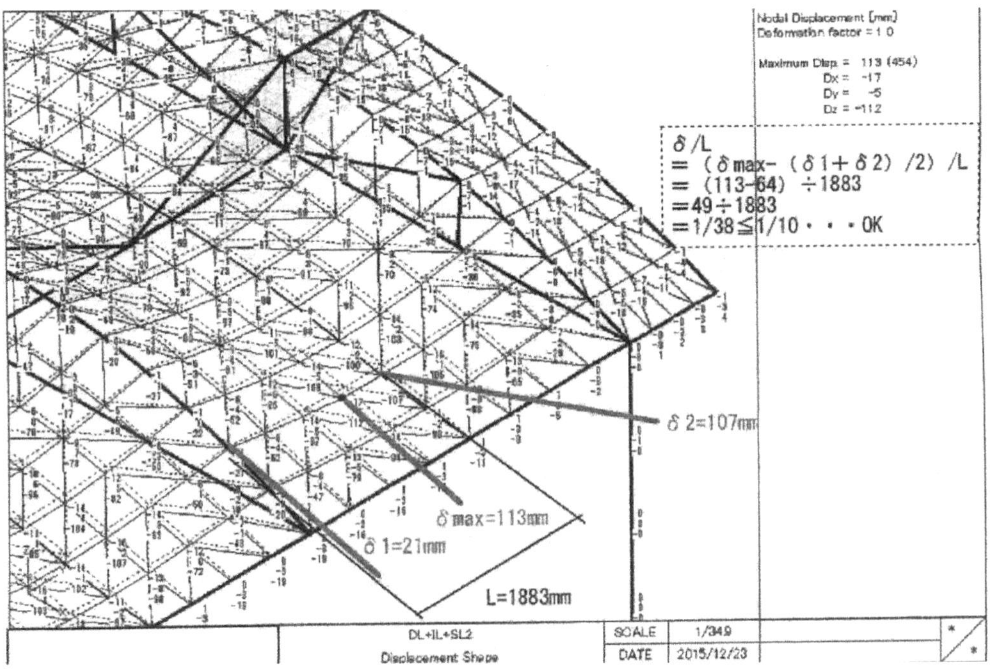

〈그림 A5.1.21〉 적설시 편분포(CASE 5)

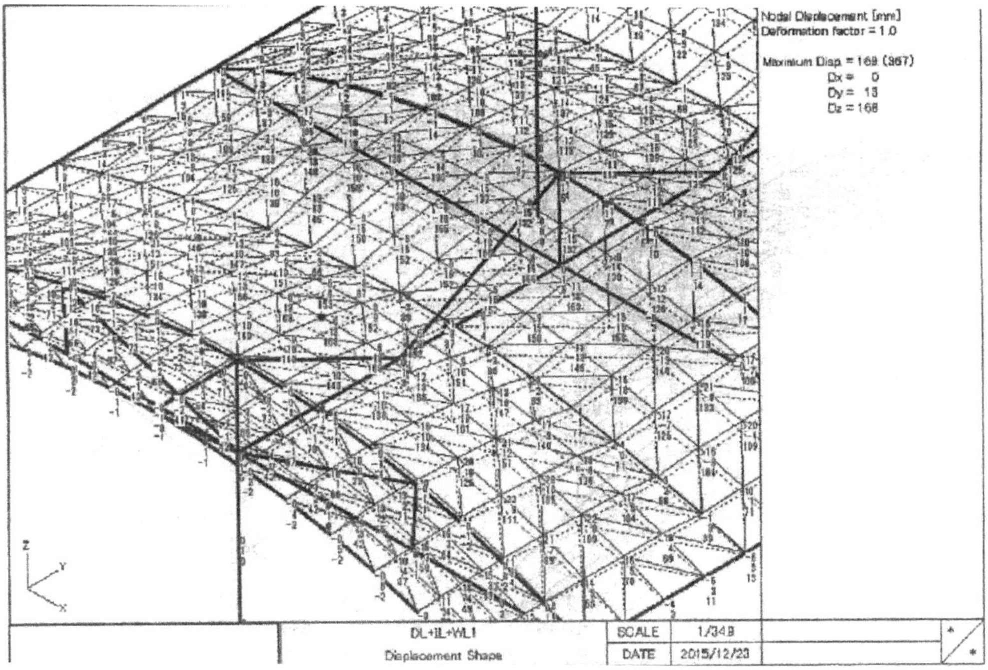

〈그림 A5.1.22〉 강풍시 1(CASE 6)

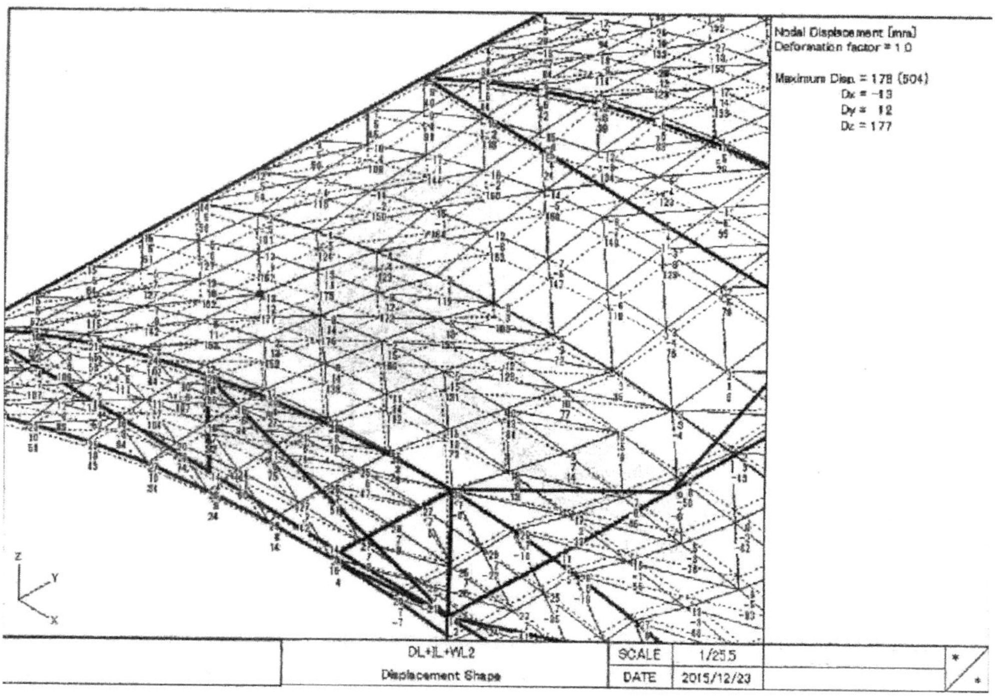

〈그림 A5.1.23〉 강풍시 2(CASE 7)

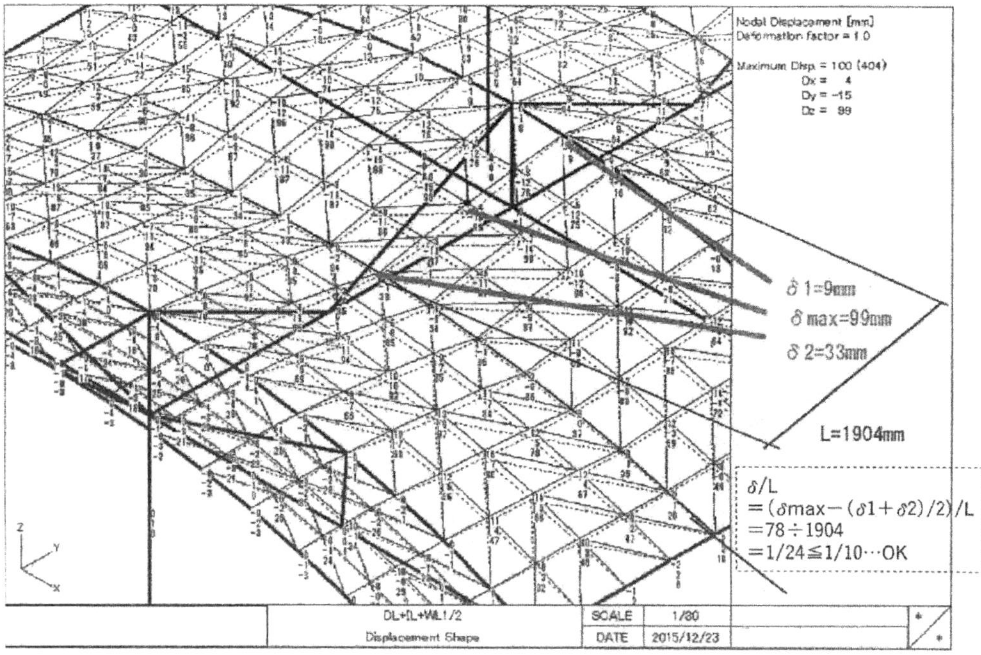

〈그림 A5.1.24〉 강풍시 1/2 풍압력1(CASE 6)

(6) 단면산정

단기응력의 검정에 있어서는 피크 바람의 압력도 포함하여 최대 응력을 이용해서 실시한다.

(가) ETFE 필름

[표 A5.1.11] ETFE 필름

하중 및 외력에 따라 상정하는 성능		하중조합표	하중케이스	요소번호	최대장력 kN/m	허용장력 kN/m	판정
상시		DL+IL	CASE 1	898	1.49	3.50	0.427(L)
적설시	전면	DL+IL+SL1	CASE 2	1014	3.33	6.30	0.528(S)
	편분포	DL+IL+SL2	CASE 3	1014	3.63	6.30	0.576(S)
강풍시	풍압력(1)	DL+IL+WL1	CASE 4	721	4.82	7.00	0.689(S)
	풍압력(2)	DL+IL+WL1	CASE 5	646	3.99	7.00	0.569(S)
	1/2풍압력(1)	DL+IL+WL1/2	CASE 6	721	3.16	7.00	0.451(S)
지붕재용 풍압력		DL+IL+WLm	CASE 7	992	5.83	7.00	0.832(S)

적설시 최대장력 3.64kN/m = 최대응력도 7.26kN/mm²

강풍시 최대장력 5.83kN/m = 최대응력도 11.66kN/mm²

(나) 구조용 케이블

[표 A5.1.12] 구조용 케이블

하중 및 외력에 따라 상정하는 성능		하중조합표	하중케이스	최대장력 kN	허용응장력 kN	판정
상시		DL+IL	CASE 1	2.57	18.57	0.138(L)
적설시	전면	DL+IL+SL1	CASE 2	0.20	27.85	0.007(S)
	편분포	DL+IL+SL2	CASE 3	0.25	27.85	0.009(S)
강풍시	풍압력(1)	DL+IL+WL1	CASE 4	16.31	27.85	0.586(S)
	풍압력(2)	DL+IL+WL1	CASE 5	8.32	27.85	0.299(S)
	1/2풍압력(1)	DL+IL+WL1/2	CASE 6	8.59	27.85	0.309(S)
지붕재용 풍압력		DL+IL+WLm	CASE 7	22.83	27.85	0.820(S)

(다) ETFE 필름 정착부

[표 A5.1.13] ETFE 필름 정착부

		하중조합표	하중케이스	발생응력도 kN/mm²	허용응력도 kN/mm²	판정
처측 妻側	적설시 편분포	DL+IL+SL2	CASE 3	7.26	15.94	0.45
	강풍시 지붕재용	DL+IL+WLm	CASE 7	11.72	17.71	0.66
자리측 けた側	적설시 편분포	DL+IL+SL2	CASE 3	7.26	16.08	0.45
	강풍시 지붕재용	DL+IL+WLm	CASE 7	11.72	17.87	0.66

A5.2 막구조용 필름의 쿠션방식

(1) 구조설계 개요

(가) 건축물 개요

[표 A5.2.1] 건축물 개요

건설 장소	도쿄도
용도	스포츠 연습장
건축 면적	327m²
막구조부분 면적	327m²
층수	1층
최고 높이	8.0m
처마 높이	1.28m

(나) 건물 사양

· 기둥·보 : 철골, 지붕: ETFE (막 구조용 필름)

(다) 구조 개요

· 구조종별 : 골조막 구조 골조는 철골 수평구조물로, 스팬/도리 방향 라멘구조로 한다.

· 기초 : 독립기초

· ETFE 쿠션 타입 : 250μm (외측 필름, 내측 필름)

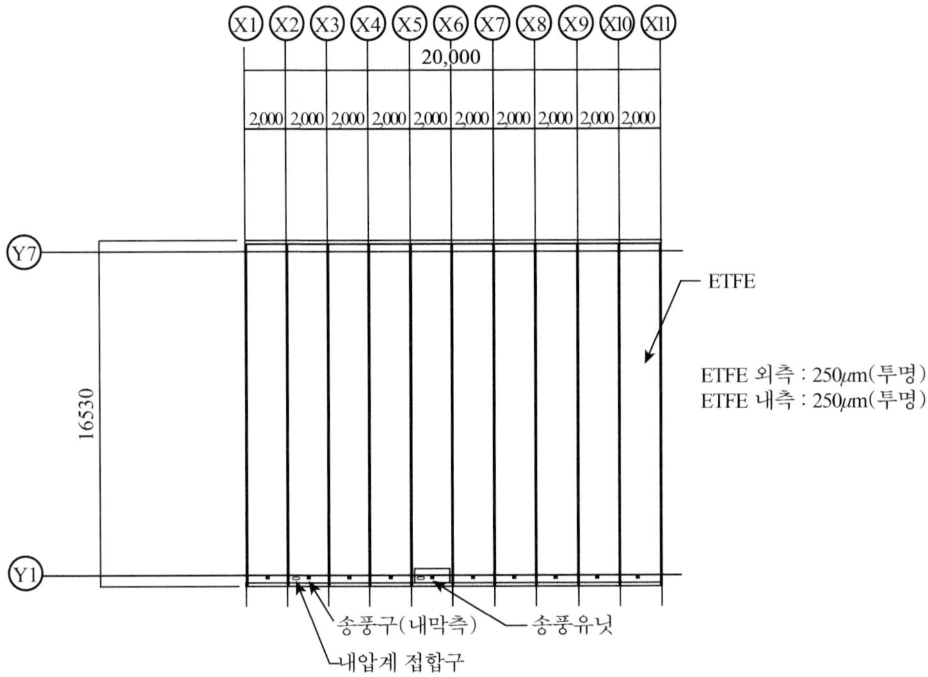

〈그림 A5.2.1〉 지붕 복도(mm)

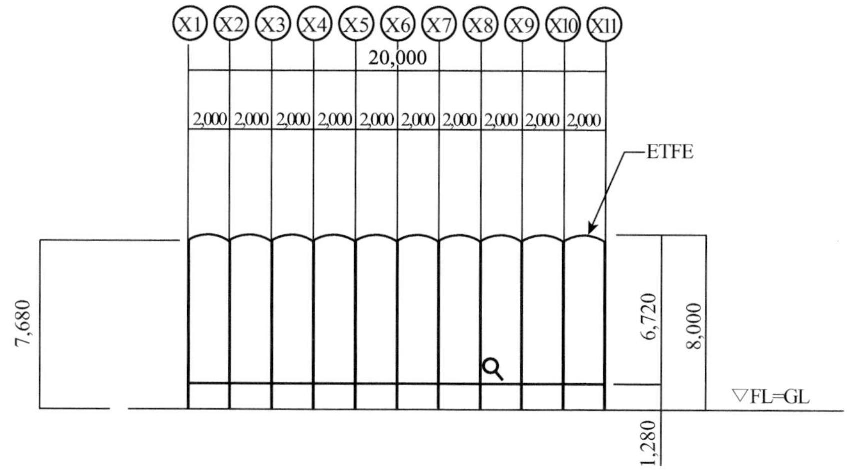

〈그림 A5.2.2〉 입면도(mm)

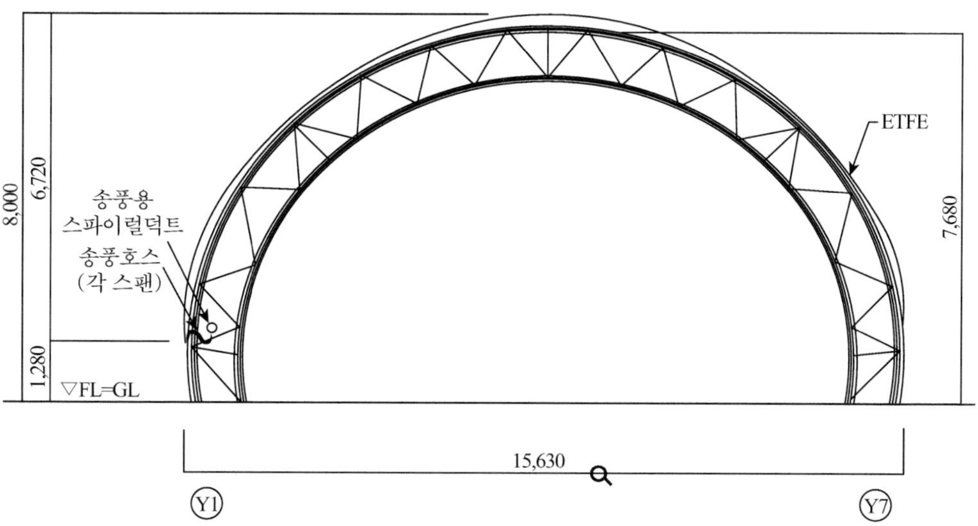

〈그림 A5.2.3〉 단면도(mm)

(2) 지붕면 구조 계획

2m 피치로 배치한 절 아치에 ETFE 필름을 이중으로 부착하여 필름 사이의 공기압을 높여 쿠션 타입으로 하였다.

(3) 사용 재료와 재료의 허용 응력도 등

[표 A5.2.2] 막 구조용 필름의 허용 인장응력도(N/m²)

평14국교부 제666호 제6

재료명	두께	제1기준강도 (F_1)	장기 ($F_1/2$)	단기(적설시 외) ($1.2F_1$)	단기(적설시) ($4.5F_1/5$)
ETFE	250μm	14	7	16.8	12.6
		3500	1750	4200	3150

※ 하단은 평위폭당 환산값(허장장력 N/m)을 나타낸다.

[표 A5.2.3] ETFE 정착부 허용 응력도(N/mm²)

평14국교부 제666호 제6

정착 부위	인장 응력도 (F_{fj})	장기 ($F_{fj}/3$)	단기(적설시 외) ($2F_{fj}/3$)	단기(적설시) ($1.8F_{fj}/3$)
외주	27.13	9.04	18.08	16.27

(4) 설계 하중

(가) 하중

(a) 고정하중(자중) DL

· ETFE: 4.3N/m²(1장당)

(b) 적재하중

· 없음

(c) 내압 PL

· 상시 300Pa

· 적설시 650Pa

(d) 초기장력 IL

초기장력이란 ETFE의 자중하에 있어서 안정형태로서 얻을 수 있는 기형태 결정시의 ETFE의 응력을 나타낸다.

· 초기장력 0.6kN/m

(e) 적설하중(영 제86조) SL

· Ws = d×W×μ = 30×20×μ = 600(×μ)N/m²

(Ws: 적설하중, d: 승직적설량 30cm, W: 수의 단위중량 20N/m²·cm, μ: 성근 형상 계수)

(f) 풍압력(영 제87조) WL

· 구조재용 $WL = q \times C_f$

· 지붕재용 $Wlmem = \bar{q} \times \widehat{C}_f$

(q: 속도압, $\bar{q}$: 풍력계수, $\bar{q}$: 평균 속도압, $\widehat{C}_f$: 피크 풍력계수)

· 속도압

[표 A5.2.4] 속도압

		구조재용 q	지붕재용 $\bar{q}$
기준 풍속	V_0	34m/s	
	H	5.1m	
지표면 조도 구분		II	
	Z_b	5m	
	Z_G	350m	
	α	0.15	
가스트 영향 계수	G_f	2.200	-
높이 분포 계수	Er	$1.7(H/Z_G)^{\alpha} = 0.902\ (H > Z_b)$	
	E	$Er^2 \times G_f = 0.902^2 \times 2.2 = 1.788$	-
속도압·평균속도압		$q = 0.6 \times E \times V_0^2 = 1240N/m^2$	$\bar{q} = 0.6 \times Er^2 \times V_0^2 = 564N/m^2$

· 풍력계수

① 구조재용 풍력계수(C_f)

$WL1$

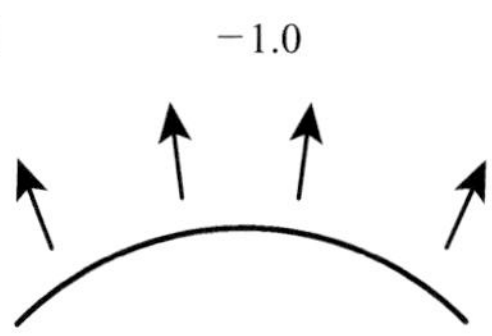

$WL2$

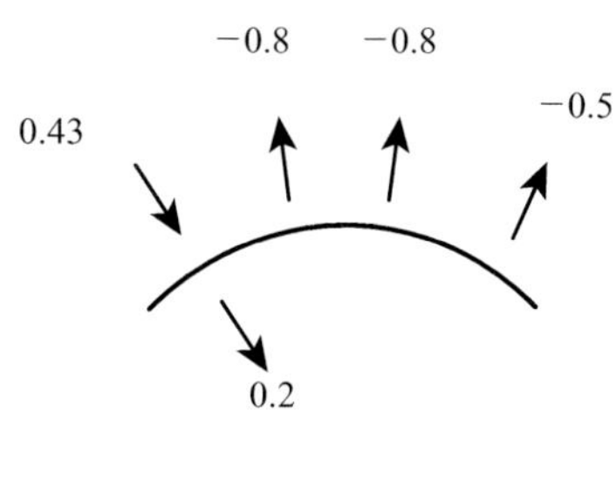

② 지붕구질 재료용 풍력계수($\widehat{C_f}$) (합 제82조의 4)

WLm 일률 -4.0

(g) 조합하중

[표 A5.2.5] 하중조합

<table>
<tr><th>응력</th><th colspan="2">하중 상태</th><th>조합</th><th>하중케이스</th><th>편고</th></tr>
<tr><td>장기</td><td colspan="2">상시</td><td>DL+IL+300PL</td><td>CASE1</td><td></td></tr>
<tr><td rowspan="7">단기</td><td rowspan="2">적설하중</td><td>적설용 내압 상승시</td><td>DL+IL+650PL</td><td>CASE2</td><td></td></tr>
<tr><td>적설시</td><td>DL+IL+650PL+SL</td><td>CASE3</td><td></td></tr>
<tr><td rowspan="4">풍압력</td><td>폭풍시1</td><td>DL+IL+300PL+WL1</td><td>CASE4</td><td></td></tr>
<tr><td>폭풍시2</td><td>DL+IL+300PL+WL2</td><td>CASE5</td><td></td></tr>
<tr><td>1/2풍압력시1</td><td>DL+IL+300PL+WL1/2</td><td>CASE6</td><td rowspan="2">막면 변형 재검토용</td></tr>
<tr><td>1/2풍압력시2</td><td>DL+IL+300PL+WL2/2</td><td>CASE7</td></tr>
<tr><td colspan="2">지붕재용 풍압력시</td><td>DL+IL+300PL+WLm</td><td>CASE8</td><td></td></tr>
</table>

고정하중(DL), 초기장력(IL), 적설하중(SL), 풍압력(WL), 내압(PL)

(5) 구조해석

구조해석에서의 가정이나 해석 프로그램에 대해서는 계산 예2 참조.

(가) 해석모델

(a) 모델그림

ETFE: 250μm

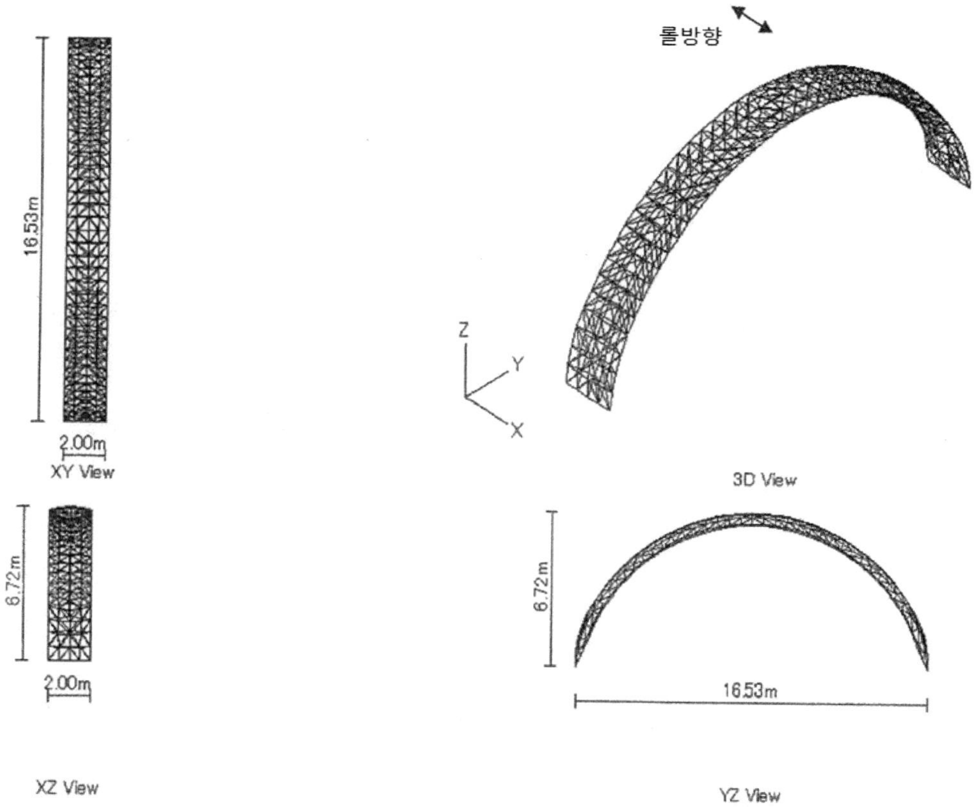

〈그림 A5.2.4〉 해석 모델

(b) 경계조건

각 경계 절점의 XYZ 이동 구속하고, 회전은 자유로 한다.

〈그림 A5.2.5〉 경계 조건

(c) 입력 데이터

· ETFE

[표 A5.2.6] ETFE 필름

인장 탄성률 (N/mm²)	전단 탄성률 (N/mm²)	푸아송 비	자중(N/m²) (250μm)
640	220	0.45	4.3

변형도가 0~2.5% 사이의 응력-변형관계 직선치환한 탄성률을 사용하여 해석을 실시한다.

※ 필름의 응력이 탄성범위(14N/m²이하로 한다)를 넘은 경우, 해석결과는 실제보다 큰 응력값이 될 수 있기 때문에 안전측이 될 수 있다. 또 본건(本件)에 있어서 응력치가 탄성범위를 넘은 것은 막면 변형량 검토 대상인 하중케이스(지붕재 풍압력시)뿐이었기 때문에 상기 탄성률을 이용한 해석이 타당하다고 판단했다.

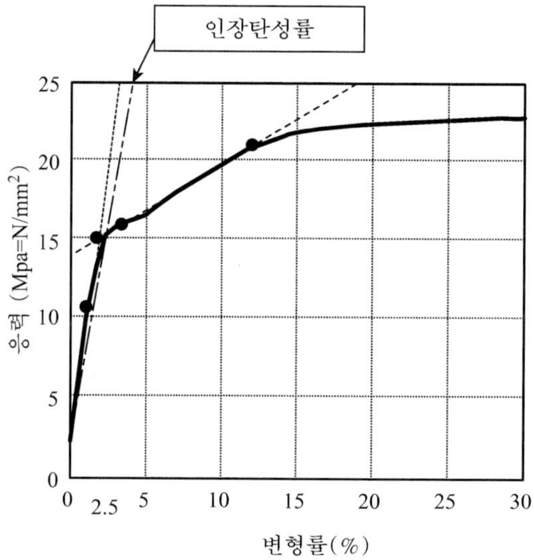

〈그림 A5.2.6〉 ETFE 필름의 응력-변형 곡선

(나) 해석결과

(a) ETFE 필름 응력도

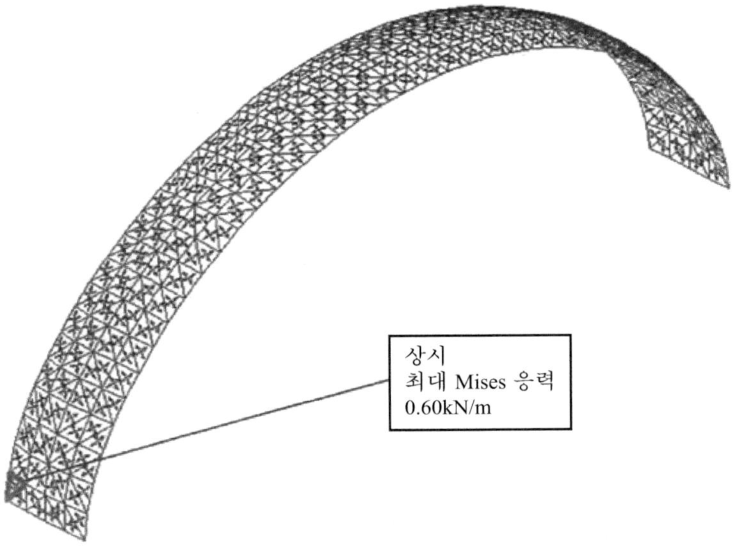

〈그림 A5.2.7〉 상시 (CASE1) 외측 필름

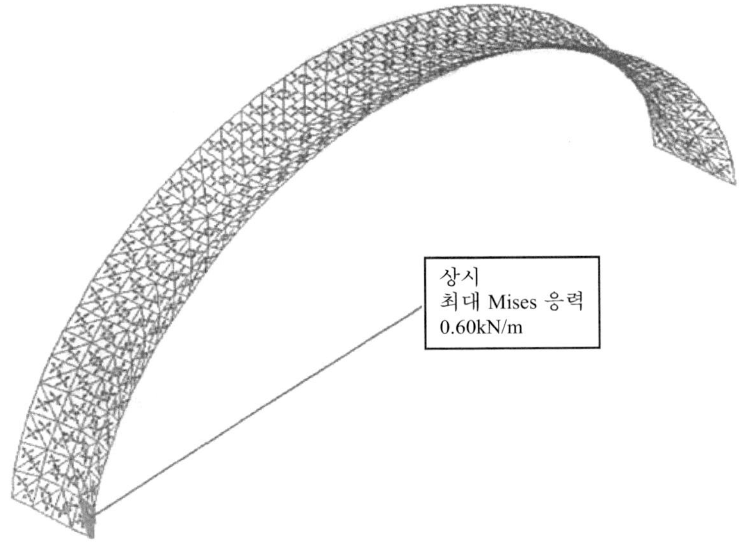

〈그림 A5.2.8〉 상시 (CASE1) 내측 필름

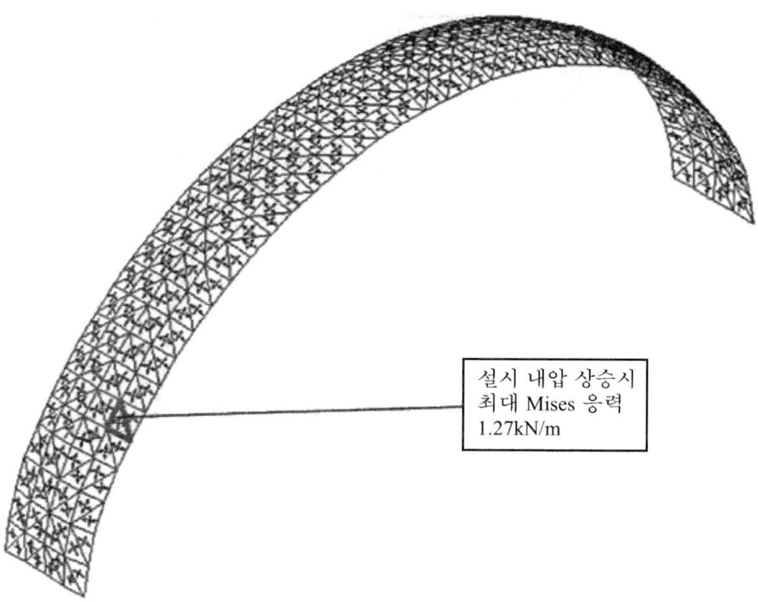

〈그림 A5.2.9〉 적설용 내압 상승시 (CASE2) 외측 필름

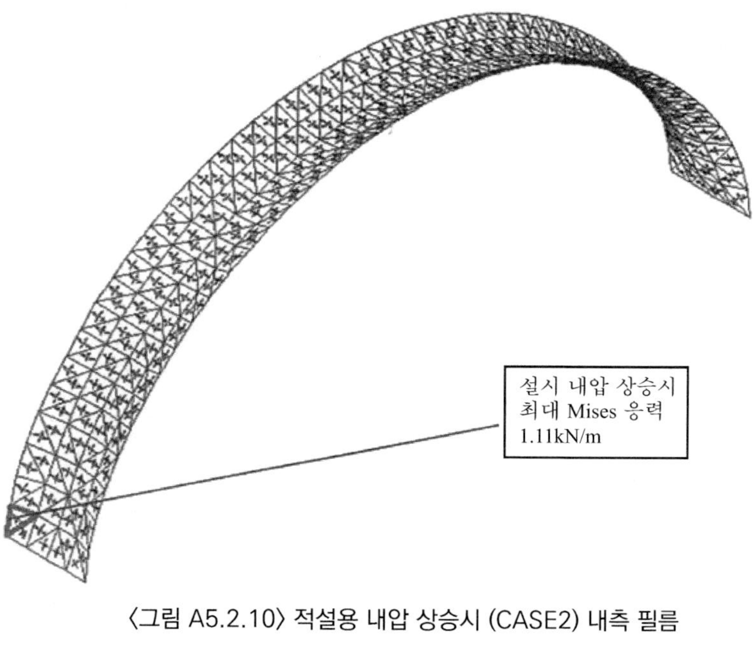

〈그림 A5.2.10〉 적설용 내압 상승시 (CASE2) 내측 필름

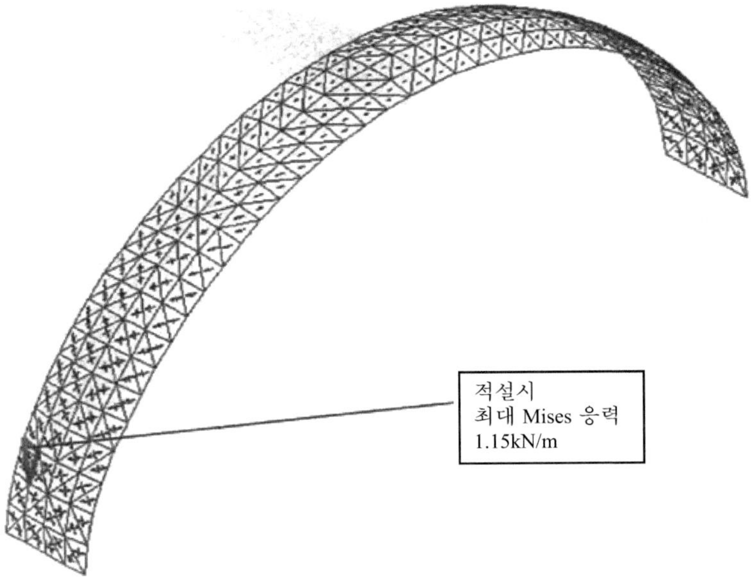

〈그림 A5.2.11〉 적설시 (CASE3) 외측 필름

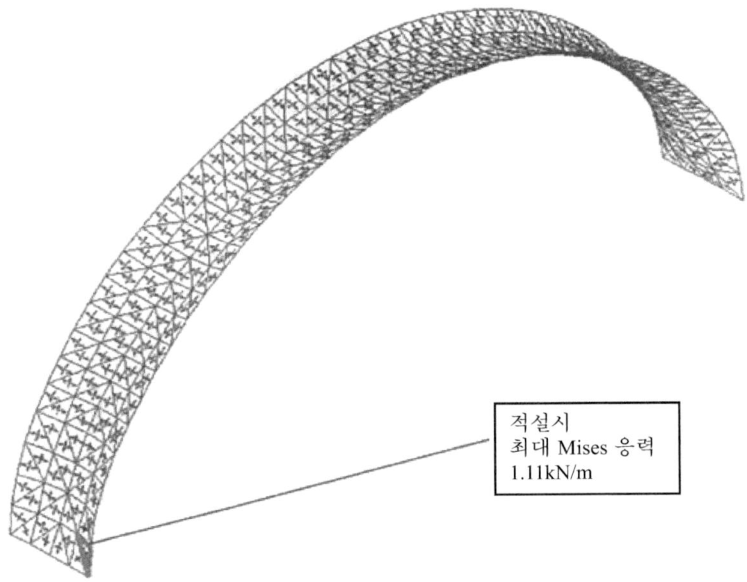

〈그림 A5.2.12〉 적설시 (CASE3) 내측 필름

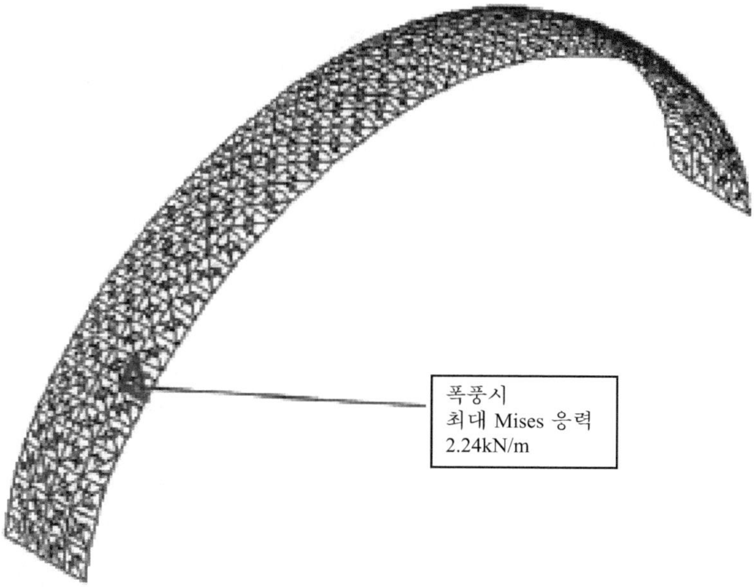

〈그림 A5.2.13〉 폭풍시1 (CASE4) 외측 필름

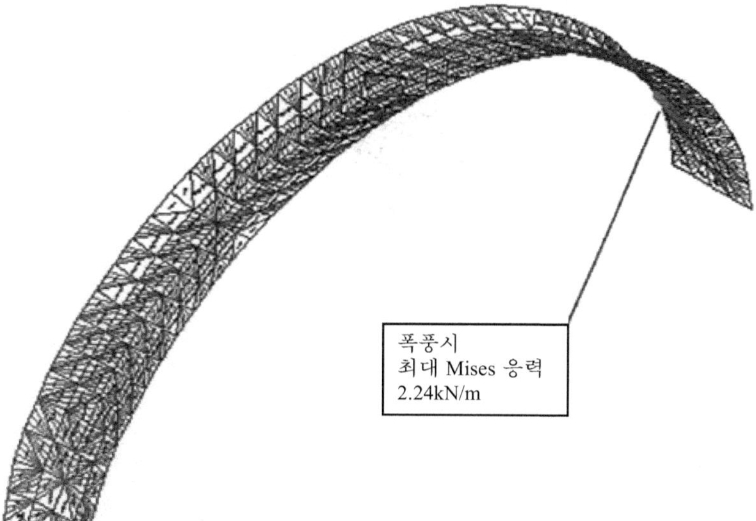

〈그림 A5.2.14〉 폭풍시1 (CASE4) 내측 필름

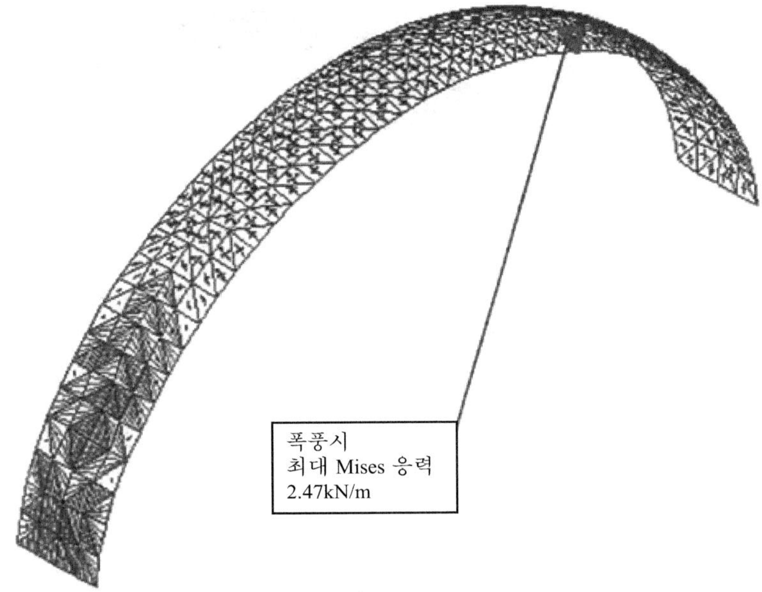

〈그림 A5.2.15〉 폭풍시2 (CASE5) 외측 필름

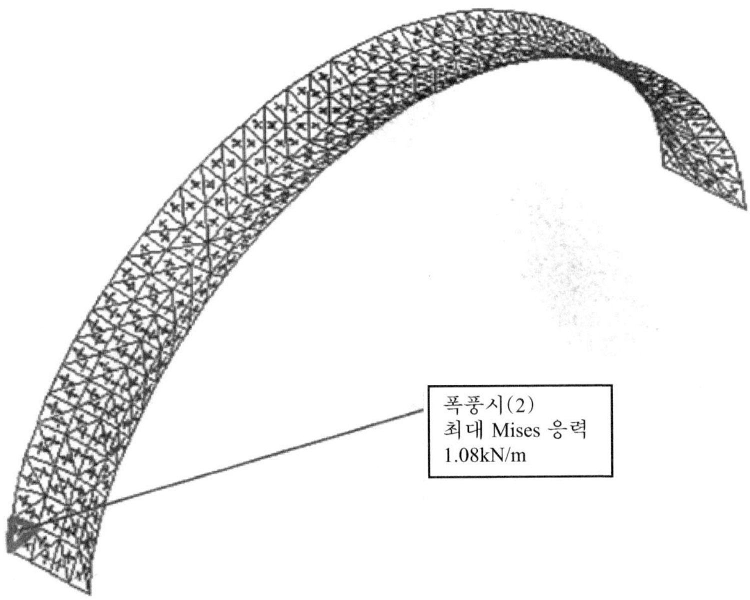

〈그림 A5.2.16〉 폭풍시2 (CASE5) 내측 필름

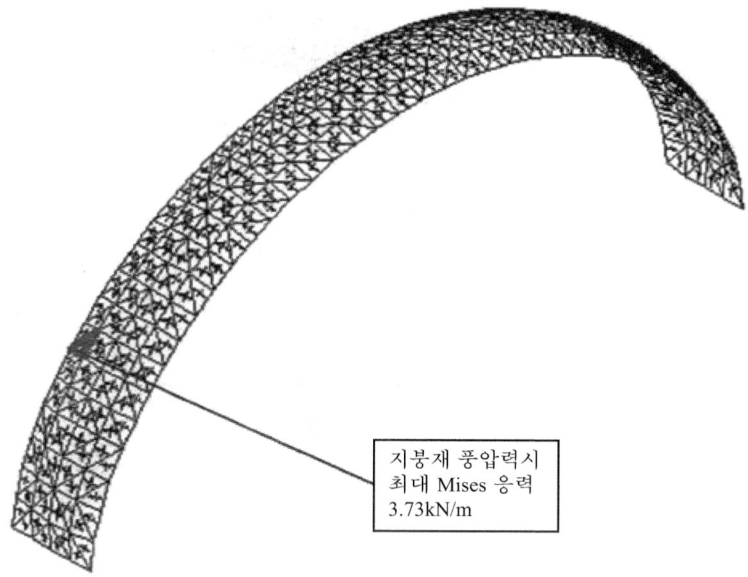

〈그림 A5.2.17〉 지붕재 풍압력시 (CASE6) 외측 필름

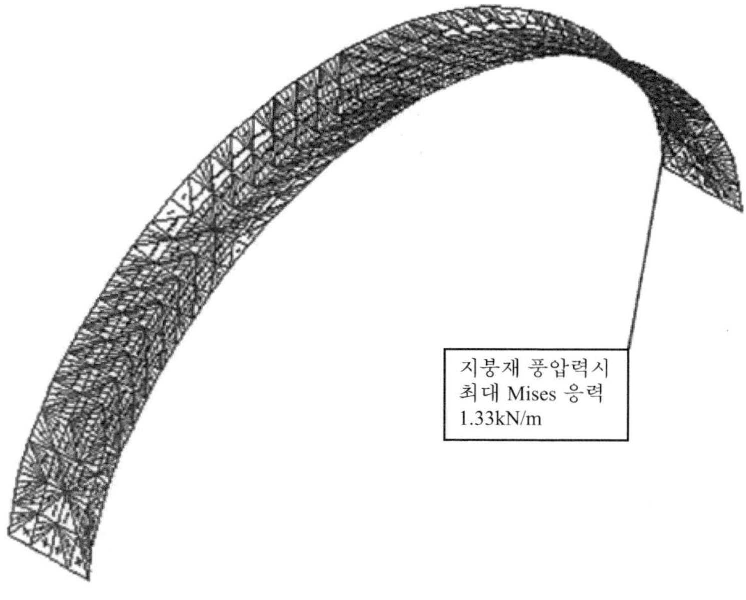

〈그림 A5.2.18〉 지붕재 풍압력시 (CASE6) 내측 필름

(b) 변형량의 검토

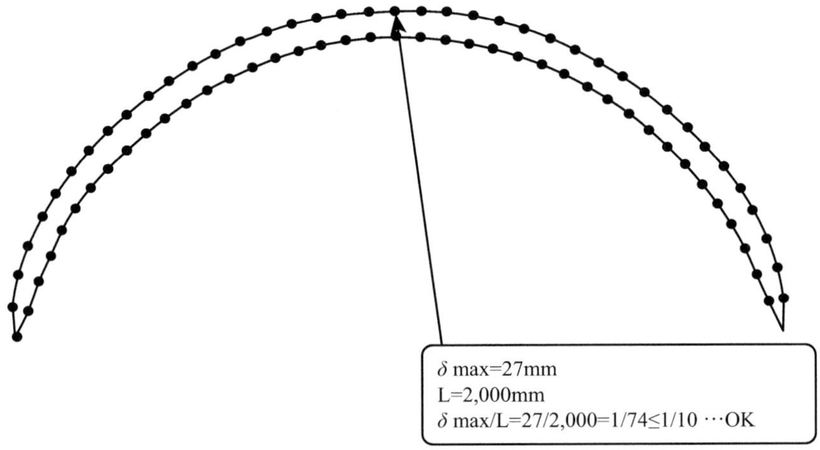

〈그림 A5.2.19〉 적설시 (CASE3) 필름 변형 단면도

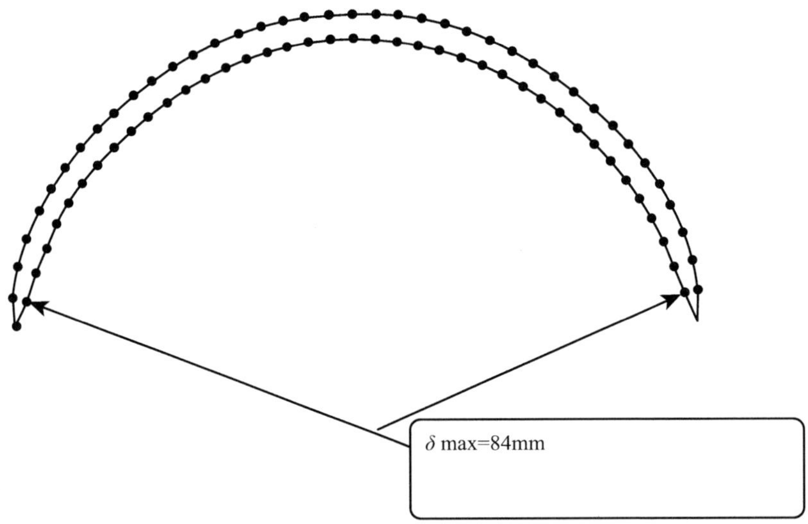

〈그림 A5.2.20〉 폭풍시1 (CASE4) 필름 변형 단면도

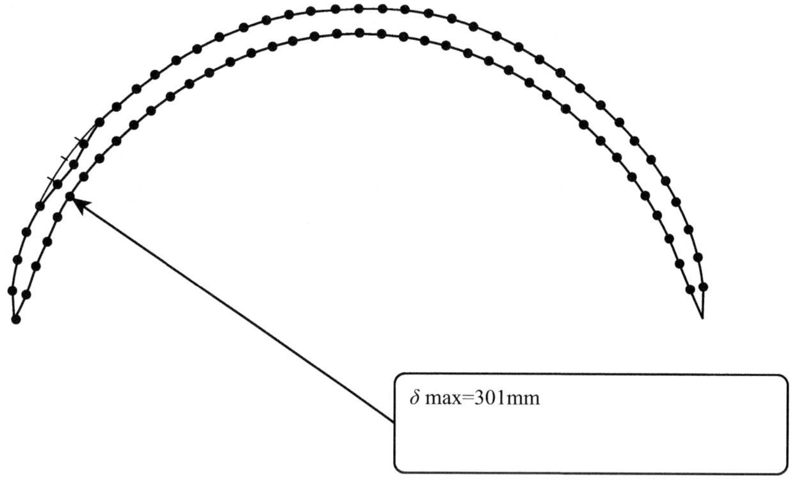

〈그림 A5.2.21〉 폭풍시2 (CASE5) 필름 변형 단면도

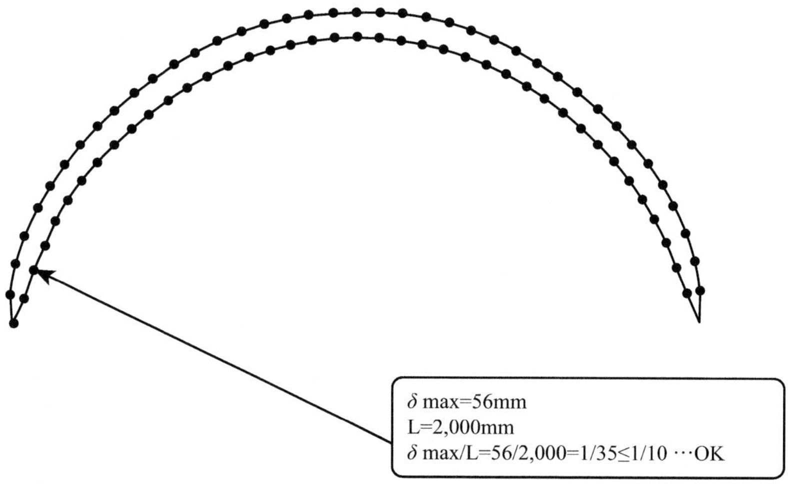

〈그림 A5.2.22〉 1/2풍압력시1 (CASE6) 필름 변형 단면도

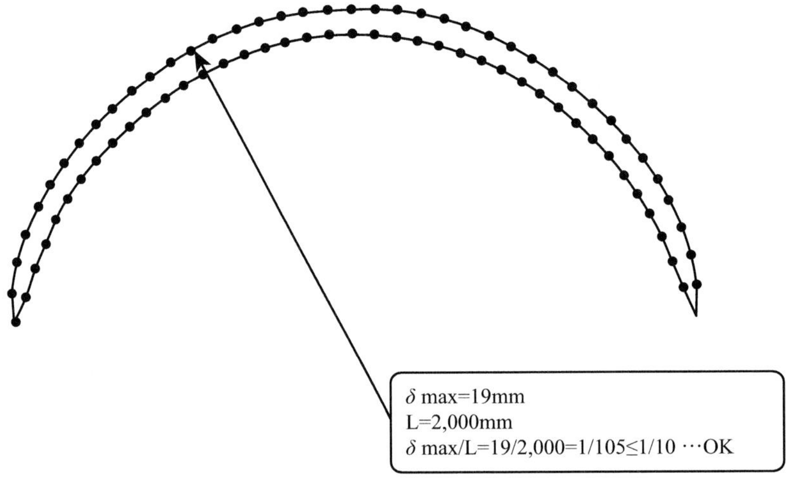

〈그림 A5.2.23〉 1/2풍압력시2 (CASE7) 필름 변형 단면도

(6) 단면 산정

단기응력의 검정에 있어서는 피크 풍압력을 포함하여 최대응력을 사용하여 실시한다.

(가) ETFE 필름

적설시 최대응력도 1.27kN/m = 최대응력도 5.08N/mm² (내압 상승시 외측 필름)

폭풍시 최대응력도 3.73kN/m = 최대응력도 14.92N/mm² (지붕재 풍하중시 외측 필름)

[표 A5.2.7] 외측 필름 (적설시 이외)

하중 케이스	요소번호	Mises 최대 장력 (kN/m)	Mises 허용 장력 (kN/m)	필름 재료	평가
DL+IL+300PL	455	0.60	1.75	ETFE250_A	0.343 (L)
DL+IL+300PL+WL1	451	2.24	4.20	ETFE250_A	0.534 (S)
DL+IL+300PL+WL2	506	2.47	4.20	ETFE250_A	0.587 (S)
DL+IL+300PL+WLM	451	3.73	4.20	ETFE250_A	0.888 (S)

(L): 장기 (S): 단기

[표 A5.2.8] 내측 필름 (적설시 이외)

하중 케이스	요소번호	Mises 최대 장력 (kN/m)	Mises 허용 장력 (kN/m)	필름 재료	평가
DL+IL+300PL	134	0.61	1.75	ETFE250_A	0.346 (L)
DL+IL+300PL+WL1	432	0.91	4.20	ETFE250_A	0.217 (S)
DL+IL+300PL+WL2	279	1.08	4.20	ETFE250_A	0.258 (S)
DL+IL+300PL+WLM	432	1.33	4.20	ETFE250_A	0.316 (S)

(L): 장기 (S): 단기

[표 A5.2.9] 외측 필름 (적설시)

하중 케이스	요소번호	Mises 최대 장력 (kN/m)	Mises 허용 장력 (kN/m)	필름 재료	평가
DL+IL+650PL 내압 상승시 (적설 없음)	451	1.27	3.15	ETFE250_A	0.403 (S)
DL+IL+650PL+SL1 (적설시)	471	1.15	3.15	ETFE250_A	0.366 (S)

(L): 장기 (S): 단기

[표 A5.2.10] 내측 필름 (적설시)

하중 케이스	요소번호	Mises 최대 장력 (kN/m)	Mises 허용 장력 (kN/m)	필름 재료	평가
DL+IL+650PL 내압 상승시 (적설 없음)	279	1.11	3.15	ETFE250_A	0.352 (S)
DL+IL+650PL+SL1 (적설시)	279	1.11	3.15	ETFE250_A	0.352 (S)

(L): 장기 (S): 단기

(나) ETFE 필름 정착부

[표 A5.2.11] ETFE 필름 정착부

부위	하중 케이스	발생 응력도 (N/mm²)	허용 응력도 (N/mm²)	판정값
외측 필름	DL+IL+650PL (적설용 내압 상승시)	5.08	16.27 (적설시)	0.45
내측 필름	DL+IL+WLM (지붕재 풍하중시)	14.92	18.08 (적설시 외)	0.66

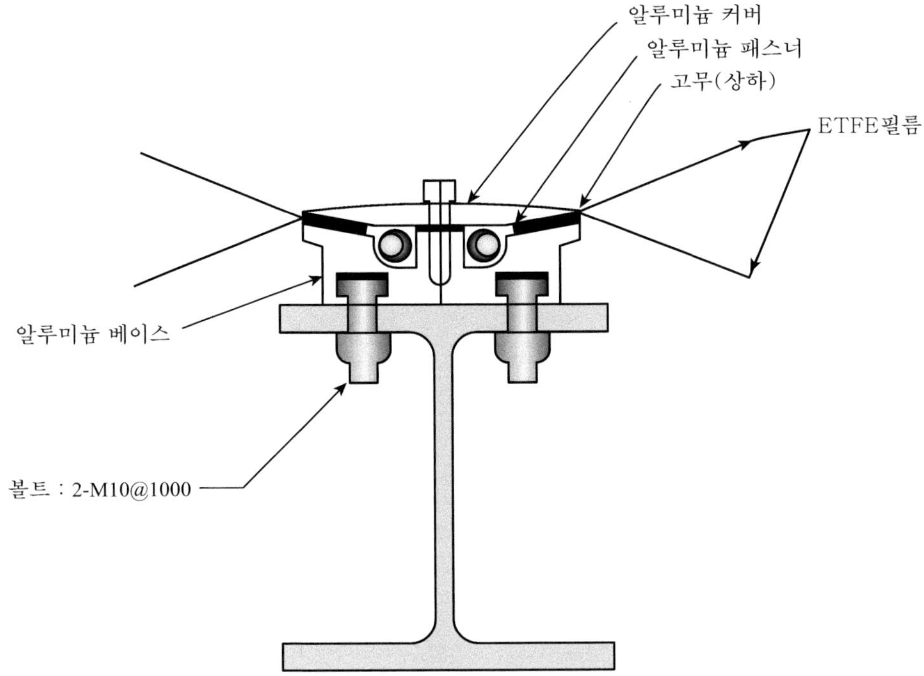

〈그림 A5.2.24〉 ETFE 필름 정착부 상세

집 필 진

THE AUTHORS

■ 집필위원장

강주원	영남대학교 교수

■ 집필위원

김기철	서일대학교 교수
김현수	선문대학교 교수
조한욱	(주)아이스트 기술연구원장

■ 검토위원

김재열	협성대학교 교수
이기학	세종대학교 교수
이승재	한국기술교육대학교 교수
주영규	고려대학교 교수 (POSCO 석좌교수)
배부환	엔아이에스텍(주) 대표이사

■ 자문위원

이재홍	세종대학교 교수
윤성원	서울과학기술대학교 교수
김승덕	세명대학교 명예교수

ETFE 필름 막구조 설계 지침 및 해설 정가 20,000원

저자 : 사) 한국공간구조학회

발행인 : 임해진
발행처 : 도서출판 구미서관

인쇄 : 2023년 2월 15일
발행 : 2023년 2월 20일

등록 : 1979년 6월 29일 No.9-6호

주소 : 서울시 마포구 신촌로2길 5-15
전화 : 02-333-1101
팩스 : 02-335-2201
http://www.goomibook.com

ISBN 979-11-6257-246-7 (93530)